KB019818

SEMICONDUCTORS

처음 배우는

반도체

기초부터 제대로
이해하기

기쿠치 마사노리 **지음** | 유순재 **옮김**

 북스힐

반도체는 각종 기기의 부품으로 현대 정보통신 사회의 뿌리 역할을 하고 있다. 예를 들면 컴퓨터, 휴대폰, 모바일 기기, 복사기, OA 기기, 가전제품, 게임기, 디지털 카메라, 내비게이션, 자동차, 비행기, 전철 등 일일이 세기 힘들 정도다. 반대로 반도체를 사용하지 않는 기기를 세는 것이 더 쉬울 정도이므로 '산업의 쌀'이라고 불리기도 한다.

이처럼 우리 생활과 떼려야 뗄 수 없는 반도체, 그중에서도 대표적 반도체 재료인 실리콘이 지표면에 풍부하게 존재하므로 우리 인간이 쉽게 이용할 수 있게 되었으며 '하늘이 내린 축복'이기도 하다.

우리와 밀접한 반도체, 특히 실리콘과 집적회로(IC)에 대한 이야기를 많은 분들에게 알리고자 이 책을 집필하게 되었다.

중학생 정도의 지식을 가진 독자라면 충분히 이해할 수 있도록 '최대한 쉽고 친절한 설명'을 목표로, 동시에 '정확성을 잃지 않으면서 전체적인 내용을 이해할 수 있도록 하는 설명'이 되도록 노력하였다.

'반도체란 무엇인가?'부터 시작하여 '반도체는 어떤 성질을 갖고 있으며 어떻게 동작하는가?', '반도체 집적회로란 무엇인가?', '반도체나 집적회로는 어떤 종류가 있고 어떤 구조로 되어 있는가?', '집적회로는 어떻게 만드는가?', '반도체나 집적회로는 어떤 분야에 어떤 용도로 사용하는가?', 그리고 마지막으로 '반도체 개발의 최전선에서는 어떤 일이 이루어지고 있는가?' 등에 대해 이야기하려고 한다.

독자 여러분이 이 책을 통해 반도체에 흥미를 갖고 조금이라도 더 이해할 수 있다면 저자로서 그보다 더한 기쁨은 없을 것이다.

기쿠치 마사노리

CONTENTS

4장 반도체 집적회로-메모리

8장 IC 만들기 ②-후 공정

1장

반도체의 기초

1장에서는 대표적인 원소 반도체인
실리콘의 다양한 특성을 설명한다.
또 화합물 반도체를 살펴보고,
나아가 반도체 이론의 기초 띠 이론에
대해서도 간단히 언급한다.

물질에는 전기가 잘 통하는 것과 통하지 않는 것이 있다. 전기가 잘 통하는 물질을 **도체**라 하고, 잘 통하지 않는 물질을 **절연체**라고 한다. 도체는 '도전체'나 '양도체'라 불리기도 한다. 대표적인 도체로 금, 은, 동, 알루미늄 등의 금속이 있고, 절연체로는 염화비닐, 고무, 황, 유리 등이 있다.

물질 고유 성질인 전기가 얼마나 잘 통하는지는 **전기 도전율**로 나타낼 수 있다. 전기 도전율은 기호 σ(시그마)로 나타내고, 단위는 'S/m'(지멘스/미터)다. 또한 전기 도전율의 역수 $1/\sigma$은 **전기 저항률** 또는 **비저항**이라고 불린다. 전기 저항률은 기호 ρ(로)로 표시하며 단위는 'Ωm'(옴 미터)다. 이 전기 저항률 ρ는 전기가 물질을 통과하기 어려운 정도를 나타낸다.

단위 단면적과 단위 길이를 가지는 물질 시료의 양쪽 끝에 전압 V(볼트)를 걸었을 때, 단자 간에 흐르는 전류를 I(암페어)라고 하면 다음과 같은 식이 성립한다.

$$V = \rho I, \quad I = \sigma V$$

전기 저항률 ρ의 크기로 도체와 절연체를 분류하면 대략 다음과 같다.

$$\text{도체: } \rho < 10^{-6} \, \Omega\text{m}, \quad \text{절연체: } \rho > 10^{7} \, \Omega\text{m}$$

한편 전기 저항률이 도체와 절연체의 중간 정도의 물질을 **반도체**라고 부른다. 수치로 하면 다음과 같다.

$$\text{반도체: } 10^{-6} \, \Omega\text{m} \leq \rho \leq 10^{7} \, \Omega\text{m}$$

요점 Check!
• 전기 저항률이 13자리의 범위를 가짐
• 원소, 화합물, 산화물, 유기물 등 다양한 종류가 있다.

반도체는 영어로 semiconductor(세미콘덕터)라고 하는데, 이는 semi와 conductor(도체)를 합친 말이다. 정확히 표현하면 어떤 경우에는 도체, 또 어떤 경우에는 절연체 특성을 나타낸다. 반도체에는 '원소 반도체', '화합물 반도체', '산화물 반도체', '유기물 반도체' 등이 있는데, (002)부터 차례차례 설명하겠다. 표 1에는 전기 저항률에 따라 물질을 분류한 예를 나타냈다.

표 1	전기 저항률에 따른 물질의 분류

낮음 ◄──────── 전기 저항률 $\rho(\Omega m)$ ────────► 높음

도체	반도체	절연체

10^{-15}	10^{-12}	10^{-9}	10^{-6}	10^{-3}	1	10^{3}	10^{6}	10^{9}	10^{12}	10^{15}	10^{18}	10^{21}
(펨토)	(피코)	(나노)	(마이크로)	(밀리)		(킬로)	(메가)	(기가)	(테라)	(페타)	(엑사)	(제타)

은(Ag)	1.6×10^{-8}		염화비닐	$10^7 \sim 10^{12}$
동(Cu)	1.7×10^{-8}	**원소 반도체**	유리	$10^9 \sim 10^{11}$
금(Au)	2.2×10^{-8}	저마늄(Ge) 6.9×10^{-1}	산화알루미늄(Al_2O_3)	$10^9 \sim 10^{12}$
알루미늄(Al)	2.7×10^{-8}	실리콘(Si) 4.0×10^3	고무	$10^{10} \sim 10^{15}$
텅스텐(W)	5.3×10^{-8}		다이아몬드	10^{12}
코발트(Co)	5.8×10^{-8}	**화합물 반도체**	에보나이트	$10^{13} \sim 10^{16}$
니켈(Ni)	7.0×10^{-8}		황(S)	$10^{14} \sim 10^{15}$
철(Fe)	1.0×10^{-7}	**산화물 반도체**	폴리에틸렌	$10^{15} \sim 10^{19}$
크롬(Cr)	1.3×10^{-7}		테프론	$10^{15} \sim 10^{19}$
납(Pb)	2.1×10^{-7}	**유기물 반도체**	석영(SiO_2)	10^{16}
타이타늄(Ti)	4.3×10^{-7}			
수은(Hg)	9.6×10^{-7}			

반도체는 전기가 통하는 정도로 따지면 도체와 절연체 중간적 특성을 가진다. 전기 저항률이 $1\mu\Omega m \sim 10 M\Omega m$로 원소 반도체, 화합물 반도체, 산화물 반도체, 유기물 반도체 4종류로 분류된다.

(001)에서 반도체란 전기 도전율(또는 전기 저항률)이 도체와 절연체의 중간 정도인 물질이라고 설명했다. 반도체라 불리는 물질에도 여러 가지가 있는데, 여기서는 반도체의 종류에 대해 설명한다.

표 1에 나타내듯이 반도체에는 무기물 반도체와 유기물 반도체가 있고, 무기물 반도체는 '원소 반도체', '화합물 반도체', '산화물 반도체'로 나눌 수 있다. 원소 반도체는 말 그대로 단일 원소로 이루어진 반도체를 말하는데, 실리콘(Si), 저마늄(Ge), 탄소(C), 텔루륨(Te) 등이 있다.

화합물 반도체는 두 종류 이상의 원소 화합물로 이루어진 반도체다. 화합물 반도체는 구성 원소의 개수에 따라 2원계, 3원계 등으로 구분된다. 2원계인 화합물 반도체에는 갈륨아세나이드(GaAs), 갈륨나이트라이드(GaN), 인듐린(InP), 실리콘카바이드(SiC) 등이 있고, 3원계 화합물 반도체에는 알루미늄갈륨아세나이드(AlGaAs) 등이 있다.

산화물 반도체는 어떤 종의 금속 산화물로 이루어진 반도체로 징크옥사이드(ZnO), 인듐틴옥사이드(ITO), 인듐갈륨징크옥사이드(IGZO) 등이 있다.

유기물 반도체는 유기물 재료로 이루어졌으며 테트라센이나 안트라센 등이 있다.

또한 반도체는 불순물(전도형 불순물)을 포함하지 않는 상태에서 반도체로서의 성질을 나타내는 **진성 반도체**와 불순물을 포함한 상태에서 반도체로서의 성질을 나타내는 **불순물 반도체**로 나눌 수 있다.

• 반도체에는 불순물을 포함하지 않는 진성 반도체와 포함하는 불순물 반도체가 있다.
• 반도체는 상태나 환경에 따라 전기 특성이 크게 변화한다.

반도체라는 물질은 전기 저항률이 도체와 절연체의 중간이라는 특징 외에도 물질로서의 상태(순도나 존재 형상)나 환경(온도, 압력, 농도) 등에 따라 전기 특성이 크게 변화하는 특징이 있다. 앞으로 설명할 반도체를 이용한 여러 가지 전자 장치들은 반도체의 이러한 성질을 잘 이용한 것들이다.

표 1 반도체의 종류

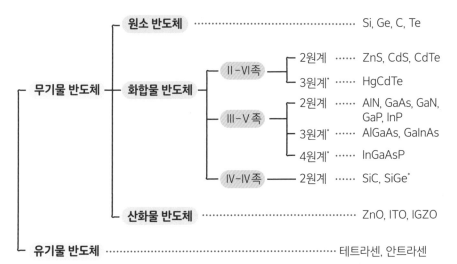

(*) 콤파운드(혼정) 또는 고용체: 구성 원소가 규칙적으로 배열되지 않고 평균으로 균일하게 섞인 고체로 구성 원소의 조성비를 바꿀 수 있다.

┌ **진성 반도체** ················· 구성 원소만으로 이루어진 반도체
└ **불순물 반도체** ··············· 전도형 불순물을 포함하는 반도체

> 반도체는 무기물 반도체와 유기물 반도체로 나뉜다. 또한 자주 이용되는 무기물 반도체는 원소 반도체, 화합물 반도체, 산화물 반도체로 분류된다. 화합물 반도체는 구성 원소의 주기율표상 족과 종류의 수에 따라 세분화된다. 이 분류와는 별개로 반도체는 전도형 불순물을 포함하지 않는 진성 반도체와 불순물을 포함하는 불순물 반도체로도 나눌 수 있다.

용어 해설
ITO ⋯ 인듐틴옥사이드(Indium Tin Oxide)
IGZO ⋯ 인듐갈륨징크옥사이드(Indium Gallium Zinc Oxide)

(002)에서 설명한 원소 반도체 중에서 현재 가장 널리 이용되는 것은 실리콘(Si)이다. 실리콘은 지각 표면 근방의 원소존재비를 나타내는 '클라크 수(Clarke number)'가 25.8%로 산소(O)의 49.5%에 이어 두 번째로 많은 매우 흔한 원소다. 표 1에 주요 원소의 클라크수 순서를 나타내었다.

실리콘은 '주기율표' 중에서 14번째에 자리하며 Ⅳ족에 속한다. 즉 그림 1에 나타내듯이 실리콘 원자는 14개의 양성자와 중성자로 이루어진 원자핵의 주위를 14개의 전자가 돌고 있으며 가장 바깥쪽 궤도(최외각 궤도)에는 4개의 전자가 있다. 이 실리콘 원자가 그 밖의 실리콘 원자나 다른 원자와 화학 결합을 할 경우, 4개의 결합수를 가지게 된다. 이러한 결합은 이웃하는 원자가 서로 2개의 전자를 공유할 때 성립하기 때문에 **공유 결합**이라고 불린다.

그림 2에 나타내듯이 실리콘 원자가 주변에 있는 4개의 실리콘 원자와 공유 결합함으로써 규칙적으로 배열되는 구조를 **단결정 실리콘**이라 한다. 그림 2에서는 알기 쉽게 나타내기 위해 평면 구조를 그렸지만, 실제로는 입체적인 구조를 갖고 있다. 이 구조는 기초적으로 다이아몬드의 결정 구조와 같다고 하여 **다이아몬드 구조**라 불린다.

단결정 실리콘의 얇은 원판은 '실리콘 웨이퍼'라 불리며 다양한 반도체 장치를 만들기 위한 원재료로 쓰인다. 이 때문에 실리콘 웨이퍼는 보통 '실리콘 기판(substrate)'이라 한다.

• 대표적인 반도체인 실리콘은 매우 흔한 원소
• 2개의 전자를 공유하여 안정된 결합을 만드는 단결정 실리콘

단결정 실리콘이나 실리콘 웨이퍼를 만드는 법에 대해서는 제6장에서 자세히 설명하겠다. **표 2**에는 재료로 보는 실리콘의 다양한 성질을 정리했다. 실리콘의 다양한 존재 형태에 대해서는 다음 (004)에서 설명하겠다.

표 1 클라크수

순위	원소	클라크수
1	산소(O)	49.5
2	실리콘(Si)	25.8
3	알루미늄(Al)	7.56
4	철(Fe)	4.70
5	칼슘(Ca)	3.39
6	나트륨(Na)	2.63
7	칼륨(K)	2.40
8	마그네슘(Mg)	1.93
9	수소(H)	0.83
10	타이타늄(Ti)	0.46

그림 1 실리콘의 원자 모형

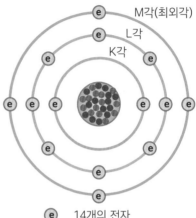

M각(최외각)
L각
K각

e   14개의 전자
(안쪽부터 K각에 2개,
L각에 8개, M각에 4개)

원자핵: 14개의 양자
: 14개의 중성자

그림 2 단결정 실리콘의 구조 모형

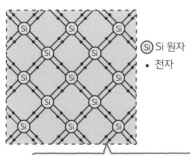

Si Si 원자
• 전자

공유 결합(covalent bond):
2개의 Si 원자가 최외각 전자를 1개씩 서로 공유하여 원자끼리 결합한다.

다이아몬드 구조:
전자는 2개가 짝이 되어 안정된 결합을 만든다. 단결정 실리콘은 다이아몬드와 같은 결정 구조를 가졌다.

표 2 실리콘의 다양한 성질

원자 번호	14
원자량	28.0855u
밀도	2330kg·m^{-3}
융점	1414℃
비열용량	700J·kg^{-1}·K^{-1}
도전율	2.52×10^{-4}mΩ
열전도율	148W·m^{-1}·K^{-1}

(003)에서 실리콘의 **단결정**에 대해 이야기했는데, 실리콘이 고체 상태일 때 그 밖에 **다결정**과 **비정질**이라 불리는 상이 있다.

그림 1에 실리콘의 단결정, 다결정, 비정질의 차이를 개략적으로 나타냈다.

단결정 실리콘은 앞에서 설명하였다. 다결정 실리콘은 **그레인**이라 불리는 단결정 실리콘의 작은 입자들이 다수 랜덤하게 모여서 이루어진 집합체를 말한다. 결정립이 접하는 부분은 **그레인바운더리**라고 불린다. 다결정은 영어 poly-crystal(폴리 크리스탈)을 번역한 말이기 때문에 다결정 실리콘, 또는 '폴리 실리콘'이라 부른다. 다결정 실리콘은 반도체 장치, 디스플레이, 태양전지 등에 이용된다.

비정질 실리콘은 전체적으로 규칙성을 가지지 않는 상태의 실리콘을 일컬으며 '무정형 실리콘'이나 '아몰퍼스 실리콘'이라 불리기도 한다. 비정질 실리콘도 디스플레이나 태양전지 등에 이용된다.

단결정 실리콘, 다결정 실리콘, 비정질 실리콘을 비교하면 내부에 트랜지스터 등의 전자 소자를 만들었을 때 전자의 속도도 이 순서대로 느려지고, 반대로 누설 전류도 이 순서대로 많아진다.

액정디스플레이(LCD) 등에는 일반적으로 유리 기판에 형성된 비정질 실리콘이 이용된다. 특성은 결정에 비해 크게 떨어지지만, 저렴한 비용으로 넓은 면적의 박막을 성장할 수 있기 때문에 화면이 큰 액정 TV 등에 이용된다.

- 실리콘에는 단결정, 다결정, 비정질 3가지 형태가 있다.
- IC는 단결정을 사용하며 디스플레이는 비정질을 사용한다.

또한 비정질 실리콘에 레이저 빛을 쐬여 500°C 정도의 저온에서 성장하는 '저온 폴리 실리콘'이 있다. 비정질 실리콘보다 비용은 더 들지만 다결정 실리콘의 특성을 살릴 수 있어 휴대폰이나 모바일 기기 등의 디스플레이에 이용된다.

그림 1 실리콘의 3가지 형태

ⓐ 단결정

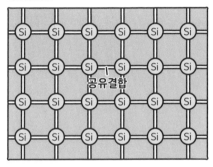

전체적으로 규칙적인 구조를 가진다.

ⓑ 다결정

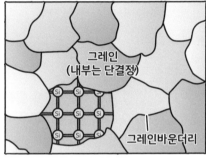

규칙적인 구조를 가진 단결정이 그레인바운더리와 접하여 랜덤하게 모인 집합체

ⓒ 비정질

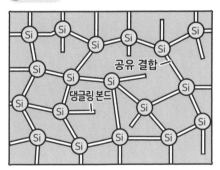

규칙적인 구조가 없고 전체적으로 불규칙한 구조

실리콘 중의 전자 속도는 단결정>다결정> 비정질 순서다. 다결정과 비정질을 비교하면, 균일성 측면에서 랜덤한 비정질이 더 좋다고 할 수 있다.

용어 해설

비정질 ···› amorphous
LCD ···› Liquid Crystal Display

(002)에서 설명한 단결정 실리콘은 불순물을 포함하지 않는 순수한 상태로 전기 저항률(ρ)이 $4 \times 10^3 \Omega$m인 **진성 반도체**다.

한편, 그림 1에 나타내듯이 단결정 실리콘에 도전성 불순물이라 불리는 인(P)이나 비소(As), 붕소(B) 등을 아주 살짝 첨가하면 불순물 농도에 따라 전기 저항률이 크게 변화한다. 이처럼 불순물을 첨가한 반도체를 **불순물 반도체**라고 한다.

그림 2에 나타내듯이 단결정 실리콘에 인이나 비소 등 V족 원소를 미량 첨가하면 결정 속을 자유롭게 돌아다니는 전자가 발생한다. 예컨대 인 원자는 최외각 전자를 5개 갖고 있는데, 단결정 안의 실리콘 원자가 인 원자로 바뀐 곳에서는 인 원자가 가진 5개의 결합수 가운데 4개가 주변에 있는 4개의 실리콘 원자와 공유 결합을 만들지만, 1개는 남게 된다. 다시 말해 인 원자의 최외각 전자 5개 가운데 결합이 이루어지지 못한 1개의 전자는 자유로운 상태가 된다. 이 전자는 전기장 덕분에 결정 안을 움직일 수 있으므로 **자유전자**라 한다.

한편, 공유 결합을 형성하는 전자는 전기장을 걸어도 움직이지 않으므로 **속박전자**라 한다.

인이나 비소 등 V족 원소를 미량 첨가한 단결정 실리콘은 **n형 실리콘**이라 불린다. n형 실리콘에서는 자유전자가 전하를 운반하지만, 전자는 마이너스 전하(negative charge)를 가지므로 그 머리글자를 따서 'n형'이라 부르는 것이다.

· 단결정 실리콘에 V족 원소를 첨가한 것이 n형 실리콘
· n형 실리콘 중에서 전하를 운반하는 운반자는 자유전자

n형 실리콘 안에서 전하를 운반하는 것, 즉 '운반자'가 되는 것은 마이너스 전하를 가지는 전자이므로 전류가 흐르는 방향은 전자가 움직이는 방향과 반대가 된다. 이는 전자가 발견되기 전에 전류는 전압이 높은 곳에서 낮은 곳으로 흐른다고 정했기 때문이다.

그림 1 상온에서 실리콘의 전기 저항률의 불순물 농도 의존성(n형)

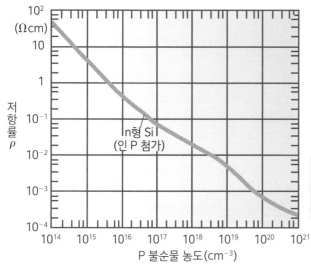

저항률 ρ

P 불순물 농도(cm^{-3})

첨가하는 인(P)의 양이 많을수록 자유 전자의 수가 늘어나고 저항값은 내려간다.

그림 2 인을 첨가한 n형 단결정 실리콘의 평면 구조 모형

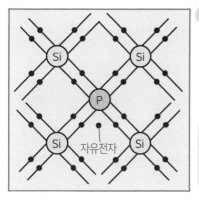

자유전자

제Ⅴ족 원소 인

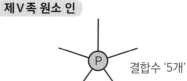

결합수 '5개'

첨가한 불순물인 인(P)이 결정 안의 실리콘으로 바뀌었다. 짝을 지어 공유 결합을 형성하는 전자는 속박전자이며 결합에 기여하지 않고 움직일 수 있는 전자는 자유전자가 된다.

용어 해설

진성 반도체 ⋯ intrinsic semiconductor	자유전자 ⋯ free electron
불순물 반도체 ⋯ impurity semiconductor	속박전자 ⋯ bound electron
운반자 ⋯ carrier	

실리콘 등 반도체에서 전기 전도를 생각할 때는 **양공**이라는 개념이 중요하다. 양공은 영어로 hole(홀: 구멍)이라고 하는데, '플러스 전하를 가진 듯이 보이는 전자의 구멍'을 뜻한다. 여기서는 먼저 양공에 대해 생각해 보자.

그림 1에 나타내듯이 단결정 실리콘에 III족 원소인 붕소(B)를 미량 첨가하여 결정 안의 실리콘 원자 중 일부를 붕소 원자로 바꾼다. 붕소는 최외각 전자가 3개로 실리콘보다 1개 적기 때문에 붕소 원자 주변에 있는 4개의 실리콘 원자 중 3개와는 공유 결합을 만들지만 1개의 실리콘 원자와는 결합할 수 없다. 즉 전자가 1개 부족하거나 결합수가 1개 부족한 상태가 된다.

단결정 실리콘 전체는 전기적으로 중성이므로 이 전자가 부족한 곳, 즉 전자의 홀은 밖에서 볼 때는 전자의 마이너스 부하와 크기가 같고 부호는 반대인 '플러스 전하'를 가진 것처럼 보인다. 또한 이 전자가 부족한 곳에는 근처에서 공유 결합을 만드는 전자가 쉽게 끼어들고, 다시 끼어든 전자가 있던 곳에는 새로운 홀을 만들어 낸다. 이때 이 단결정 실리콘에 전기장을 걸면 전자가 전기장 방향과 반대 방향으로 이동하고, 즉 전자의 홀은 전기장 방향으로 이동한다.

이처럼 전자와 부호가 반대이고 크기가 같은 플러스 전하를 가지며 전기장에서 쉽게 이동하는 가상 입자가 '양공'이다. 속박전자를 물에 비유하자면, 그 안에 생겨난 '기포'가 양공인 셈이다.

양공은 플러스 전하(positive charge)를 가졌으니 양공이 전하를 운반하

요점 Check!
• 단결정 실리콘에 III족 원소를 첨가한 것이 p형 실리콘
• p형 실리콘 안에서 전하를 운반하는 운반자는 양공

는 실리콘은 **p형 실리콘**이라 한다. 다시 말해 p형 실리콘이란 양공이 전하의 운반자가 되는 실리콘을 말한다. p형 실리콘에서는 전류가 흐르는 방향과 양공이 움직이는 방향이 일치한다.

그림 1 상온에서 실리콘의 전기 저항률의 불순물 농도 의존성(p형)

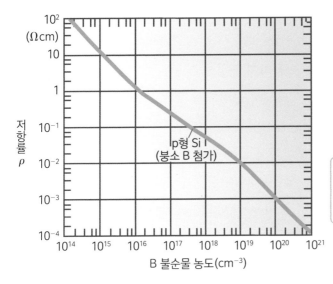

첨가하는 붕소(B)의 양이 많을수록 양공의 수가 늘어나고 저항값은 내려간다.

그림 2 붕소를 첨가한 p형 단결정 실리콘의 구조 모형

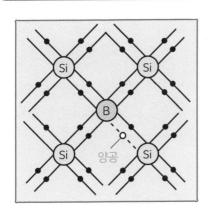

제Ⅲ족 원소인 붕소

결합수 '3개'

첨가한 불순물인 붕소(B)가 결정 안의 실리콘으로 바뀌었다. 짝을 지어 공유결합을 형성해야 할 속박전자가 부족하여 홀인 양공이 생긴다.

지금까지 도체, 절연체와 반도체, 진성 반도체와 불순물 반도체, n형 실리콘과 p형 실리콘 등에 대해 설명했는데, 어느 정도 이미지가 그려졌으리라 믿는다. 그러나 반도체의 동작 원리 등을 더 정량적으로 정확하게 이해하기 위해서는 양자역학을 이용하여 결정 중의 전자 상태를 기술하는 **띠 이론**을 공부해야 한다. 그것을 자세히 설명하는 것은 이 책의 범위를 넘어가는 것이므로 여기서는 핵심적인 내용만 소개한다.

예를 들어 불순물을 포함하지 않는 진성 반도체로서 '단결정 실리콘' 중에 있는 전자가 취할 수 있는 에너지 상태는 그림 1의 (a)와 같다. 여기서 전자는 **전도띠**와 **충만띠**라 불리는 띠 대역(band: 밴드)의 에너지는 취할 수 있지만, 그 사이의 **금지대역**(밴드갭)이라 불리는 영역에는 존재할 수 없다. 참고로 실리콘의 **금지대역** 넓이는 1.1eV(전자볼트)다. 진성 반도체에 가까운 단결정 실리콘은 실온에서는 충만띠가 속박전자로 가득 차고, 전도띠에는 전자가 거의 없으므로 움직일 수 있는 전자가 거의 존재하지 않는다. 따라서 단결정 실리콘의 전기 저항은 매우 높고 전류는 거의 흐르지 않는다.

그러나 그림 1의 (b)에 나타내듯이 단결정 실리콘의 온도를 고온으로 올려 충만띠의 속박전자에 충분한 에너지를 주면 그 전자는 금지대역을 넘어 전도띠로 올라가 자유전자가 된다. 동시에 충만띠에는 전자의 홀이 생기고 이것이 양공이 된다. 이 자유전자와 양공은 단결정 실리콘 안을 움직일 수 있으므로 단결정 실리콘의 전기 저항이 작아지고 전류가 흐를 수 있게 된다.

요점 Check!
- 양자역학을 이용해 결정 중의 전자 상태를 기술하는 띠 이론
- 반도체는 띠 사이 틈의 폭이 중간 정도인 물질

그림 2에는 물질의 에너지띠에 어떤 차이가 있는지 나타냈다. 이 그림을 보면 도체에서는 금지대역이 존재하지 않고 절연체에서는 금지대역의 폭이 넓으며(보통 4.0 eV 이상) 반도체는 그 중간 값을 가진다는 사실을 알 수 있다.

그림 1 단결정 실리콘의 에너지 상태

ⓐ 단결정 실리콘의 에너지띠

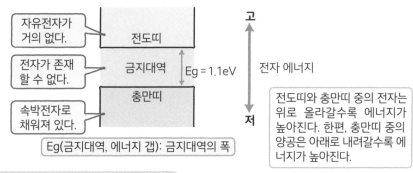

자유전자가 거의 없다.	전도띠
전자가 존재할 수 없다.	금지대역 Eg = 1.1eV
속박전자로 채워져 있다.	충만띠

고 ↕ 저 전자 에너지

전도띠와 충만띠 중의 전자는 위로 올라갈수록 에너지가 높아진다. 한편, 충만띠 중의 양공은 아래로 내려갈수록 에너지가 높아진다.

Eg(금지대역, 에너지 갭): 금지대역의 폭

ⓑ 열에 의한 자유전자와 양공의 발생

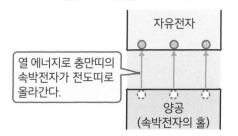

자유전자

열 에너지로 충만띠의 속박전자가 전도띠로 올라간다.

양공
(속박전자의 홀)

충만띠의 전자가 전도띠로 오르는 것을 '여기(勵起)'라고 하며 순식간에 일어나는 (시간을 필요로 하지 않는) 현상이다.

그림 2 에너지띠로 본 물질의 차이

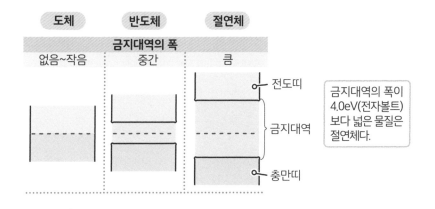

도체	반도체	절연체
금지대역의 폭		
없음~작음	중간	큼

전도띠
금지대역
충만띠

금지대역의 폭이 4.0eV(전자볼트)보다 넓은 물질은 절연체다.

(005)(006)에서 설명한 n형 실리콘과 p형 실리콘을 띠 이론으로 생각해 보자. 그림 1의 (a)에는 단결정 실리콘에 V족 전도형 불순물인 인(P)이나 비소(As)를 미량 첨가했을 때의 에너지띠를 나타냈다. 이 그림으로 전도띠 바로 아래의 금지대역 안에 인과 비소로 만들어진 전자가 존재하는 위치 (에너지 준위)가 만들어져 있다는 사실을 알 수 있다. 이 에너지 준위는 전도띠의 하단에서 인은 44meV 아래, 비소는 49meV 아래에 있다.

단결정 실리콘이 실온쯤 되는 온도에 놓이면 인이나 비소로 만들어진 에너지 준위에 있는 전자는 쉽게 전도띠로 올라가 자유전자가 된다. 그 때문에 인이나 비소가 미량 첨가된 단결정 실리콘은 전자를 운반자로 하는 n형 실리콘이 된다. 이때 인이나 비소는 전도띠에 전자를 제공하는 역할을 하므로 **주개 불순물** 또는 그냥 **주개(도너)**라 불리며, 또한 인이나 비소가 만드는 에너지의 위치(자리)는 **주개 준위**라 한다.

그림 1의 (b)에는 단결정 실리콘에 III족 전도성 불순물인 붕소(B)를 미량 첨가했을 때의 에너지띠를 나타냈다. 이 그림에서 충만띠의 바로 위인 금지대역 안에 붕소로 만들어진 전자가 존재할 수 있는 에너지 준위가 생겼다. 그 에너지 준위는 충만띠의 상단에서 45meV 위에 있다. 단결정 실리콘이 실온쯤 되는 온도에 놓이면 충만띠에 있는 가전자(속박전자)가 쉽게 붕소로 만들어진 에너지 준위로 뛰어올라가 충만띠에 전자의 홀(양공)을 만들어 낸다. 이 때문에 붕소가 미량 첨가된 단결정 실리콘은 양공을 운반자로 하는 p형이 된다. 이때 붕소는 충만띠에서 전자를 받아들이는 역

요점 Check!
• n형은 전도띠 바로 아래에, p형은 충만띠 바로 위에 에너지 준위를 가진다.
• 실리콘 안의 V족 원소는 도너이며 III족 원소는 억셉터다.

할을 하기 때문에 **받개 불순물** 또는 그냥 **받개 (억셉터)**라 불리며, 또한 붕소가 만드는 에너지 준위는 **받개 준위**라 불린다.

불순물 반도체(Si) 에너지 준위의 차이

ⓐ 단결정 실리콘에 n형 불순물을 첨가

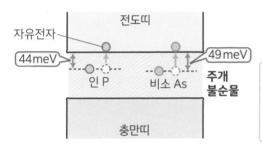

전도띠 바로 아래에 있는 금지대역 안에 전자를 방출하는 에너지 준위 (위치)가 생기고, 그곳에서 실온 에너지를 얻은 전자가 전도띠로 여기하여 자유전자가 된다.

ⓑ 단결정 실리콘에 p형 불순물을 첨가

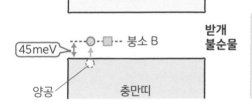

충만띠 바로 위에 있는 금지대역 안에 전자를 받아들이는 에너지 준위가 생기고, 그곳으로 실온 에너지를 얻은 충만띠 중의 속박전자가 여기하여 충만띠에 홀, 즉 양공을 만든다.

전자는 인이나 비소의 주개 불순물에서 생기고 상온에서 전도띠로 여기하여 자유롭게 움직일 수 있게 되지.

양공은 충만띠의 전자가 붕소의 받개 자리로 여기하여 생기고 충만띠 중을 자유롭게 움직일 수 있게 되는구나.

용어 해설 주개 ··· donor   받개 ··· acceptor

화합물 반도체란 두 종류 이상의 원소가 이온성(공유) 결합으로 화합물을 형성하는 반도체를 말한다. 화합물 반도체에 대해서는 (002)에서도 잠깐 소개했지만, 주기율표에 있는 각 족(II, III, IV, V, VI)의 원소를 조합하여 표 1에 나타내듯이 크게 II-V족, II-VI족, III-V족, IV-IV족, IV-VI족으로 나뉘고, 나아가 구성 원소의 수에 따라 2원계, 3원계, 4원계로 세분화된다.

그러나 표 1에서 표시(*)를 한 화합물 반도체는 구성 원소가 규칙적으로 배열되지 않고 평균적으로 균일하게 섞인 고체, 다시 말해 콤파운드(혼정) 상태로 구성 원소의 구성비를 바꿀 수 있다.

화합물 반도체에서는 원소의 조합이나 구성 비율에 따라 전기 특성이나 광전 특성 또는 환경 특성에 변화를 줄 수 있으며 고속, 고주파, 저잡음 등의 전자 소자나 광전 소자 등에 이용된다.

그러나 실리콘에 비해 지름이 큰 양질의 단결정 기판 제작이 어렵고, 가격도 비싸 이용할 수 있는 트랜지스터의 구조나 특성 등에 제약이 있어 대규모 집적회로 등은 아직 실현되지 못하고 있다.

표 2에 주요 응용 분야별로 이용되고 있는 주요 화합물 반도체의 재료를 나타냈다. 화합물 반도체는 크게 2종류의 재료를 헤테로 접합(이종 접합)하여 이용하는데, 실리콘 소자의 20배나 되는 고속 동작을 실현한 HEMT(고속 전자이동도 트랜지스터)를 비롯하여 마이크로파 소자나 고속 집적회로에 이용되고 있다. 또한 화합물 반도체는 광전자 특성을 이용하여 발광·수광 다이오

· 2종류 이상의 원소가 결합한 것이 화합물 반도체
· 고성능 전자 소자나 광전 소자에 이용된다.

드나 반도체 레이저 등에도 이용된다. 이들 광전 소자는 광통신, 광 정보기억, 광 프린터, 조명, 액정 등의 백라이트, 광 센서, 태양전지 등에도 응용된다. 휴대폰에도 실리콘 반도체와 더불어 화합물 반도체가 사용되고 있다.

표 1 화합물 반도체의 종류

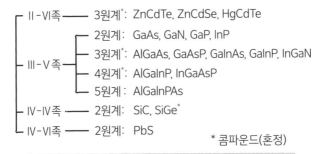

화합물 반도체는 구성 원소족의 조합과 구성 원소의 종류 또는 화합 조성(화학 양론적 조성)에 따라 분류된다.

표 2 화합물 반도체의 주요 용도와 대표 재료

주요 용도	대표 화합물 반도체 재료
다이오드	GaAs
포토 다이오드	PbS, InGaAs
발광 다이오드	GaAs, GaN, GaP, AlGaAs, GaAsP, InGaN, ZnCdTe, ZnCdSe, AlGaInP, InGaAsP
반도체 레이저	GaN, AlGaAs, GaAlInP, InGaAsP
트랜지스터[*]	GaAs, GaN, InP, SiGe, AlGaAs, GaInAs, GaInP, InGaN
태양전지	GaAs
적외선 센서	HgCdTe

* MESFET(금속-반도체 전기장 효과 트랜지스터), HEMT(고속 전자이동도 트랜지스터), HBT(이종 접합 바이폴라 트랜지스터)를 포함한다.

화합물 반도체는 특히 고속(고주파) 전자 소자나 광전 소자로, 실리콘 반도체로는 구현할 수 없는 응용 분야에 이용된다.

용어 해설

이종 접합 ⋯→ hetero junction
HEMT ⋯→ High Electron Mobility Transistor
마이크로파 ⋯→ 파장이 0.1 mm~10 cm인 전자파

산화물 반도체와 유기물 반도체

이번에는 **산화물 반도체**와 **유기물 반도체**에 대해 알아보자.

○ 산화물 반도체

산화물 반도체는 일종의 금속 산화물로 이루어진 반도체로 가시광을 통과시키는 성질을 가지는 경우가 많기 때문에 **투명 산화물 반도체**라고도 한다. 대표적인 산화물 반도체인 ITO(인듐주석산화물)는 평판 디스플레이나 태양전지의 투명 전극에 쓰인다. 현재 검토 중인 ZnO(산화아연)나 IGZO(인듐갈륨아연산화물) 중에는 트랜지스터를 제작하면 전자이동도, μ가 $10\,cm^2/Vs$ 이상으로 다결정 실리콘보다 높은 것도 있어 FPD, 태양전지, 터치패널 등의 투명 전극 이외에도 TFT(박막 트랜지스터)로도 응용이 가능할 것으로 기대되고 있다.

○ 유기물 반도체

유기물 반도체는 반도체로서의 성질을 나타내는 유기물 재료인데, 실리콘 등의 무기물 반도체 재료와 마찬가지로 n형과 p형으로 구별되며 트랜지스터도 연구 개발되고 있다. 대표적인 유기물 반도체 재료로는 펜타센이나 테트라센이 있고, 비정질 실리콘 수준의 전자이동도($0.1{\sim}1\,cm^2/Vs$)가 실현되고 있다. 유기물 반도체는 박막 경량화, 대면적화, 유연화와 더불어 도포나 인쇄를 이용하는, 제조 방법이 편하다는 점과 비용이 저렴하다는 점 등의 특징이 있어 전자종이, LCD, 유기 EL, 태그 IC 등에 응용될 것으로 기대되고 있다. 유기물 반도체에 대응되는 원소 반도체, 화합물 반도체, 산화물 반도체를 합쳐서 무기물 반도체라고 부르기도 한다.

용어
해설

FPD ···→ Flat Panel Display	EL ···→ Electro Luminescence
TFT ···→ Thin Film Transistor	IC ···→ Integrated Circuits

2장

반도체 소자

여기서는 반도체가 가지는 여러 가지 성질을 이
용하는 전기 저항이나 용량 소자 등의 수동 소자
와 다이오드, 트랜지스터 등 능동 소자를 소개한다.
또 반도체 소자의 전기 특성뿐만 아니라
발광 소자나 수광 소자도 소개한다.

전기회로나 전자회로를 구성하는 소자는 크게 **수동 소자**와 **능동 소자**로 나눌 수 있다. 수동 소자란 신호의 증폭 등 능동적인 활동을 하지 않고 전기의 소비나 축적 등의 작용을 하는 소자로 저항(R), 인덕터(L), 커패시터(C)가 있다. 그러나 제3장에서 설명할 첨단 **집적회로**에서는 인덕터는 별로 이용되지 않으므로 이 책에서는 전기 저항과 커패시터만 다루기로 한다.

전기 저항은 전기의 흐름을 방해하는 성질을 가졌는데, 이 성질 때문에 전류를 제한하거나 전류와 전압을 분리시키거나 커패시터와 함께 전기신호 전파를 늦추는 등의 작용을 한다. 반도체의 전기 저항은 보통 직육면체 모양으로 된 확산층이나 다결정 실리콘 층으로 만들어진다.

그림 1의 (a)는 확산층 전기 저항을 나타내고, (b)는 다결정 실리콘 전기 저항의 예를 나타낸다. 여기서 전기 저항 값 R이란 저항체의 폭 W, 길이 L, 깊이(확산층에 대한) 또는 두께를 각각 d 또는 t라고 할 때, 전기 저항률을 ρ라고 한다면 다음 식으로 나타낼 수 있다.

$$R = \rho L / dW \quad \text{또는} \quad \rho L / tW$$

전기 저항률은 확산층, 또는 다결정 실리콘 중의 전도성 불순물 종류(인, 비소, 붕소 등)나 농도로 정해진다.

그림 2에 나타내듯이 확산층이나 다결정 실리콘 중의 불순물 종류나 농도 등이 균일하여, 즉 저항체 내부에서와 동일한 경우에 전기 저항률이 일정한 값을 가지지만, 일반적으로는 깊이 또는 두께 방향으로 분포를 가진

- 전류·전압을 제한하거나 신호전파를 연장시키는 전기 저항
- 층 저항이란 전기 저항률을 저항체의 두께(깊이)로 나눈 값

다. 이때 전기 저항률의 깊이 또는 두께 방향의 평균값, 즉 ρ를 d나 t로 나눈 값을 생각하면 편리하다. 이 값은 **층 저항**이라고 불리며 보통 ρ_s로 나타낸다.

$$\rho_s = \rho/d \quad \text{또는} \quad \rho/t$$

그림 1 반도체 전기 저항 예시

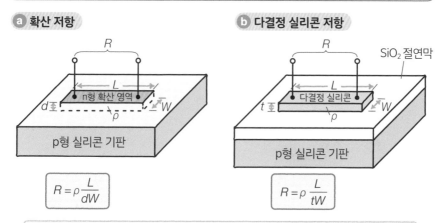

ⓐ **확산 저항**

$$R = \rho\,\frac{L}{dW}$$

ⓑ **다결정 실리콘 저항**

$$R = \rho\,\frac{L}{tW}$$

실리콘 반도체로 전기 저항을 만들 때 p형 또는 n형의 확산 영역(불순물 첨가 영역)이나 다결정 실리콘을 이용한다. 이들 저항은 결정성이나 불순물 농도, 그리고 저항체의 3차원 형태로 결정된다.

그림 2 저항률과 면 저항의 관계

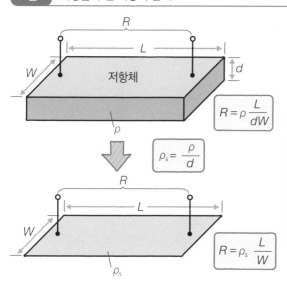

$$R = \rho\,\frac{L}{dW}$$

$$\rho_s = \frac{\rho}{d}$$

$$R = \rho_s\,\frac{L}{W}$$

반도체의 확산 저항이나 다결정 실리콘 저항에서 세로 방향으로 저항률이 균일하지 않을 경우 저항률은 세로 방향의 치수로 나눈(규격화한) 값을 '면 저항'으로 정의한다. 이 값을 이용하면 평면 치수만 가지고 저항값을 설계할 수 있다.

수동 소자의 일종인 전기 용량은 **콘덴서** 또는 **커패시터**라 불리며 전기(전하)를 일시적으로 축적하거나 전기 저항과 함께 전기신호의 전파를 늦추는 작용을 한다.

반도체의 전기 용량 소자 중 대표적인 것으로 그림 1(a)에 **p-n 접합 용량**의 구조 모형을, (b)에 **MOS 용량**의 구조 모형을 그리고 (c)에는 회로 기호를 나타냈다.

(a)에서 p-n 접합에 역방향 전압을 가했을 때 접합계면에 운반자가 없는 절연 상태의 고갈층이 형성되는데, 이를 도체인 p형과 n형 반도체 사이에 끼운 구조가 된다. 이로 인해 전기 용량이 형성된다. 이 전기 용량의 값은 양 끝에 가하는 역방향 전압에 따라 변화한다.

(b)에서 전극으로서의 p형 실리콘 반도체 기판의 표면에 이산화실리콘(SiO₂)의 절연막과 그 위에 알루미늄(Al) 전극이 놓인다.

그림 2 MOS 용량의 전압 의존성에서 가로축에 p형 실리콘 기판을 접지한 상태에서 알루미늄 전극에 가하는 게이트 전압(V_G)을, 세로축에 전압에 대한 전기 용량(C)을 나타냈다. MOS 용량의 알루미늄 전극 면적을 S, SiO₂ 절연막의 두께를 d라 하였다. 이 그림에서 게이트 전압 $V_G \leq 0\,\mathrm{V}$일 때는 p형 실리콘 기판 표면이 p형에서 p⁺형(축적층, 즉 홀 운반자 농도가 더 많아진 영역)이 되므로 MOS 용량의 값은 게이트 용량 C_G만 남으며, 다음과 같이 나타낼 수 있다.

$$C = C_G = \varepsilon_{SiO_2} S/d \quad \text{(단, } \varepsilon_{SiO_2}\text{는 SiO}_2\text{의 유전율)}$$

요점
Check!

- 용량 소자는 전하를 일시적으로 축적하고 신호의 전달을 늦추는 기능을 가진다.
- 용량 값은 전극 면적과 절연체의 유전율에 비례하고 두께에 반비례한다.

한편 게이트 전압 $V_G > 0\,\mathrm{V}$일 때 p형 실리콘 기판 표면에 고갈층이 형성되고 실리콘 전기 용량 C_{Si}가 생긴다. 따라서 MOS 용량은 게이트 용량과 실리콘 용량을 직렬로 접속한 값이 되므로 다음 식이 성립된다.

$$1/C = (1/C_G) + (1/C_{si})$$

그림 1 반도체의 용량 소자

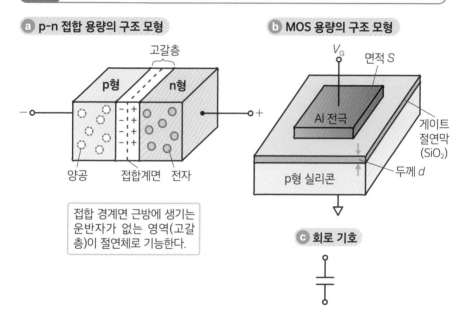

ⓐ p-n 접합 용량의 구조 모형

고갈층

p형   n형

양공   접합계면   전자

접합 경계면 근방에 생기는 운반자가 없는 영역(고갈층)이 절연체로 기능한다.

ⓑ MOS 용량의 구조 모형

V_G 면적 S

Al 전극

게이트 절연막 (SiO₂)

p형 실리콘   두께 d

ⓒ 회로 기호

그림 2 MOS 용량의 전압 의존성

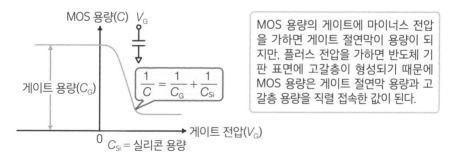

MOS 용량(C) V_G

게이트 용량(C_G)

$$\frac{1}{C} = \frac{1}{C_G} + \frac{1}{C_{si}}$$

0   C_{Si} = 실리콘 용량   게이트 전압(V_G)

MOS 용량의 게이트에 마이너스 전압을 가하면 게이트 절연막이 용량이 되지만, 플러스 전압을 가하면 반도체 기판 표면에 고갈층이 형성되기 때문에 MOS 용량은 게이트 절연막 용량과 고갈층 용량을 직렬 접속한 값이 된다.

용어해설 ⋯▶ **고갈층** ⋯▶ depletion layer

012 한 방향으로 전류를 흘리는 소자
p-n 접합 다이오드

반도체의 p영역과 n영역이 서로 접하는 구조의 단자를 가지는 소자를 **p-n 접합 다이오드**라 한다. 원래 다이오드(diode)라는 명칭은 양극 A(애노드)와 음극 C(캐소드)라는 2개의(di: 다이) 전극을 가진다는 뜻이다. 그림 1에는 p-n 접합 다이오드의 회로 기호를 나타냈다.

실리콘 p-n 접합 다이오드에서 두 단자 사이에 전압을 가하지 않았을 때 실리콘 중의 운반자 모습을 그림 2의 (a)에 나타냈다. 경계면 근방에서는 n형 영역의 전자와 p형 영역의 양공이 서로 결합하여 운반자가 거의 없는 영역(고갈층)이 발생한다. 고갈층 내에서는 n형 영역 부분에 플러스 전하(+)가, p형 영역 부분에 마이너스 전하(−)가 생기고, 고갈층에는 내부 전위가 형성된다.

(b)는 양극에 플러스, 음극에 마이너스 전압을 인가할 때의 상태다. 이때는 내부 전위가 감소하여 고갈층 내에서 n형 영역에서 주입한 전자와 p형 영역에서 주입된 양공이 재결합하여 양극에서 음극으로 전류가 흐른다. 이 전압은 **순방향 전압**으로 이때 흐르는 전류는 **순방향 전류**라 한다.

(c)는 (b)와 방향이 반대인 전압을 인가하는 경우이다. 이렇게 하면 n형 영역의 전자는 양극 쪽으로, p형 영역의 양공은 음극 쪽으로 끌려가서 고갈층의 넓이가 넓어지기 때문에 두 단자 사이에 전류는 흐르지 않는다. 이 전압은 **역방향 전압**이라 한다.

그림 3에 전압(V)과 전류(I)의 특

그림 1 p-n 접합 다이오드의 회로 기호

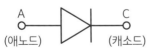

A
(애노드)

C
(캐소드)

요점
Check!

• p-n 접합 다이오드는 p형과 n형의 반도체를 접촉시킨 구조
• 정류·분리·전하 축적 기능을 가짐

성을 나타낸다. 이 그림에서 p-n 접합 다이오드는 한 방향의 전압에 대해서만 전류를 흘리는 **정류작용**, 역방향 전압에 대해서는 전류가 흐르지 않고 p영역과 n영역을 전기적으로 절연하는 **분리작용**이나 p영역과 n영역이 고갈층을 사이에 끼운 구조를 가지는 콘덴서로 **전하 축적작용**을 가진다는 사실을 알 수 있다.

그림 2 p-n 접합 다이오드의 전압 의존성

ⓐ 전압을 가하지 않음

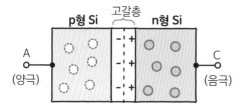

p-n 접합에 전압을 걸지 않아도 접합 경계면 근방에는 운반자가 존재하지 않는 고갈층이 형성됨

ⓑ 순방향 전압

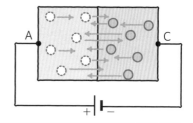

고갈층의 폭이 좁아져서(극 끝에서는 없어짐) 전자는 p형 영역으로, 양공은 n형 영역으로 흘러들어가 다이오드에 전류(순방향 전류)가 흐름

ⓒ 역방향 전압

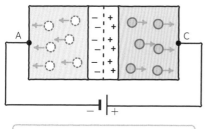

고갈층의 넓이가 (a)보다 더 넓어져 다이오드에는 전류가 흐르지 않음

다이오드 두 단자에 가하는 전압의 극성에 따라 전류가 흐르기도 하고 흐르지 않기도 함

그림 3 p-n 접합 다이오드의 'I-V 특성'

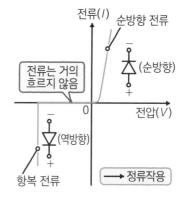

용어 해설　**애노드** … anode　　**캐소드** … cathode

포토 다이오드라는 명칭은 포토(photo: 빛)와 다이오드(diode)의 합성어로, 빛을 전기로 변환하는 기능을 가진 반도체의 두 단자 소자를 의미한다.

그림 1의 (a)에는 실리콘을 이용한 포토 다이오드의 기본 구조 모형과 구조를, (b)에는 회로 기호를 나타냈다.

(a)에서 수광면이 되는 양극 쪽의 얇은 p형 실리콘 영역(보통 $1\mu m$ 이하)과 음극 쪽의 n형 실리콘 영역 사이에 형성된 p-n 접합이 빛을 전기로 변환하는 작용을 한다. (012)에서 설명했듯이 p-n 접합 근방에는 움직일 수 있는 자유전자나 양공과 같은 운반자가 거의 존재하지 않는 고갈층이 형성된다. 이 포토 다이오드에 일정 값보다 높은 에너지를 가진 빛(짧은 파장을 가진 빛)이 입사하면 p형 영역, n형 영역, 고갈층의 구석구석에서 전자와 양공의 쌍이 만들어진다. p형 영역에서 발생한 쌍들 가운데 전자는 고갈층으로 이동하고 양공은 남게 된다. 또한 n형 영역에서 발생한 쌍들 가운데 양공은 고갈층으로 이동하고 전자는 남는다. 나아가 고갈층 내에서는 전기장의 영향으로 양공은 p형 영역을 향해 이동하고 전자는 n형 영역을 향해 이동한다. 이렇게 하여 p형 영역에는 양공이, n형 영역에는 전자가 축적되고 각각 플러스와 마이너스로 대전한다. 따라서 이 포토 다이오드의 두 단자 사이를 외부 회로에 접속하면 입사광의 강도에 비례하는 전류가 흐르게 되고 광신호가 전기신호로 변환되는 것이다.

표 1에는 대표적인 포토 다이오드에 사용되는 반도체 재료와 검출할 수 있는 빛의 파장을 나타냈다. 포토 다이오드는 저소음, 긴 수명, 고효율, 소

- p-n 접합을 이용하여 빛을 전기로 변환하는 포토 다이오드
- 포토 다이오드는 반도체의 재료에 따라 다른 파장의 빛에 반응한다.

형 경량 등의 특징을 살려 CD 플레이어, TV 리모컨, 카메라 광도계, 휴대폰이나 TV의 밝기 조정 등에 널리 이용되고 있다.

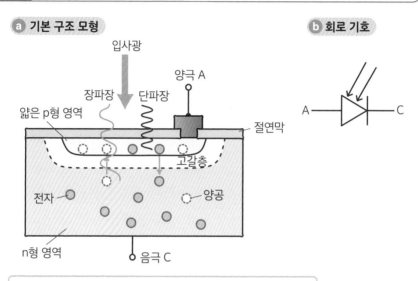

입사광 에너지로 반도체 중에 양공이 생기면서 전자와 양공의 쌍이 발생하여 전자는 n형 영역으로, 양공은 p형 영역으로 이동 축적되고 다이오드 두 단자 사이에 기전력이 생겨 전류가 흐르게 됨

표 1 주요 포토 다이오드의 반도체 재료와 특징

반도체 재료	최대 감도 파장
Si(실리콘)	940 nm
Ge-APD(저마늄 APD)	1.0~1.5 μm
InGaAs(인듐갈륨비소)	1.55~2.3 μm
PbS(황화납)	2.2~2.4 μm
PbSe(셀레늄납)	4 μm

반도체 재료의 성질에 따라 빛의 파장에 대한 반응 감도가 다름

용어 해설 APD ···▶ Avalanche Photo Diode(애벌런치 포토 다이오드)

발광 다이오드는 반도체의 p-n 접합에 순방향 전류를 흘려 빛을 방출하는 다이오드를 말한다. 발광 다이오드는 영어 이름의 머리글자를 따서 'LED'라고도 불린다. 그림 1의 (a)에는 발광 다이오드의 기본 구조 모형과 구조를, 또 (b)에는 회로 기호를 나타냈다.

반도체의 p-n 접합에 순방향 전압, 즉 p영역에 플러스 전압, n영역에 마이너스 전압을 가하면 p형 영역에 있는 양공이 n형 영역으로 이동하고 n형 영역에 있는 전자가 p형 영역으로 이동한다. 이렇게 이동하는 양공이나 전자는 각각의 영역에 남아 있는 전자나 양공과 재결합하는데, 이때 반도체의 금지대역 크기에 맞는 에너지를 빛으로 방출한다.

다시 설명하면 금지대역의 넓이가 큰 반도체 재료를 이용하면 에너지가 큰 자외선 빛을 얻을 수 있고, 금지대역의 넓이가 작은 반도체 재료를 이용하면 에너지가 작은 빛(적외선 빛)을 얻을 수 있다. 화합물 반도체를 이용해 재료 조합이나 조성을 바꾸어 금지대역의 폭을 조정할 수 있으므로 다양한 파장의 빛이 발생하는 광전 소자(다이오드)를 실현할 수 있다.

표 1에는 발광 다이오드에 이용되는 가시광 영역의 대표적인 화합물 반도체와 그 발광색 및 파장을 나타냈다. 조명 분야 백색 발광 다이오드에는 청색 다이오드를 광원으로 하는 형광체 방식이나 빛의 3원색(R: 빨강, G: 초록, B: 파랑)의 발광 다이오드를 조합하는 방식이 있다.

발광 다이오드는 높은 발광효율, 빠른 응답속도, 긴 수명, 소형 경량 등

요점 Check!
• p-n 접합을 이용하여 전기를 빛으로 변환하는 발광 다이오드
• 발광 다이오드는 화합물 반도체 재료를 바꾸어 발광색을 바꿀 수 있음

의 특징을 살려 광통신, 광 디스크, 신호기, LCD 백라이트, 자동차용 램프, 백색 조명 등 다양한 분야에서 이용 범위가 점점 넓어지고 있다.

그림 1 발광 다이오드

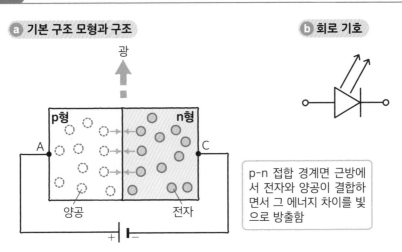

a 기본 구조 모형과 구조

광

p형   n형

A   C

양공   전자

+ −

b 회로 기호

p-n 접합 경계면 근방에서 전자와 양공이 결합하면서 그 에너지 차이를 빛으로 방출함

표 1 발광 다이오드에 이용되는 대표적인 화합물 반도체의 발광색과 파장

발광색	파장 (nm)	화합물 반도체
적외선	1300	InGaAsP(인듐갈륨비소)
	980	InGaAs:Si (인듐갈륨비소)
적	700	AlGaAs, GaP:Zn (알루미늄갈륨비소)
	630	AlGaInP(알루미늄갈륨인듐린)
주황	610	AlGaInP(알루미늄갈륨인듐린)
황	590	GaAsP(갈륨비소린)
녹	570	GaAsP(갈륨비소린)
	512	InGaN(질화인듐갈륨)
청	450	InGaN(질화인듐갈륨)
	380	GaN(질화갈륨)

용어 해설
LED ⋯ Light Emitting Diode   R ⋯ Red   G ⋯ Green   B ⋯ Blue
LCD ⋯ Liquid Crystal Display

반도체 레이저는 이름 그대로 반도체를 이용한 레이저(LASER)다. 레이저란 '복사의 유도 방출에 따른 광 증폭'이라는 뜻인데, 간단히 설명하자면 전기 에너지를 입력해서 높은 결맞음(간섭)성을 가지는 특수한 인공 광을 만들어 내는 장치, 또는 그러한 특징을 가진 빛 자체를 말한다.

레이저에는 고체 레이저, 액체 레이저, 기체 레이저 등이 있는데, 고체 레이저의 일종인 반도체 레이저는 효율이 높고 저전압·저소비전력에 동작하며 수명이 길고 경량이라는 등의 특징을 가져 고속 광통신이나 대용량 데이터 기억을 위한 광원으로 널리 이용되고 있다.

그림 1에 반도체 레이저의 기본 구조 모형을 나타냈다. 이 그림과 같이 **활성층**이라 불리는 반도체의 얇은 p-n 접합을, **장벽층**(클래딩층)이라 불리는 활성층보다 굴절률이 작은 반도체 p형 층과 n형 층 사이에 끼운 구조를 갖는다.

장벽층에 형성된 p형 영역의 양극에 플러스 전압을, n형 영역의 음극에 마이너스 전압을 인가하면 p형 장벽층에서 p형 활성층으로 양공이, n형 장벽층에서 n형 활성층으로 전자가 각각 주입된다. 이렇게 주입된 전자와 양공이 활성층 중에서 재결합(짝이 되면서 소멸하는 것)할 때, 활성층을 형성하는 반도체의 금지대역 크기에 맞게 빛을 방출한다. 빛은 굴절률의 차이 때문에 활성층 안에 갇히게 되고, 레이저 장치의 양단에 형성된 전반사 거울과 부분투과 거울 사이를 몇 번이나 왕복한다. 그 과정을 반복하는 동안 빛의 위상과 파장이 맞는 빛만 점점 모여 일정 강도가 되면 부분투과 거울

요점 Check!
- 반도체 레이저는 결맞음성이 높은 특수한 인공 광
- 통신이나 정보처리의 매체로 크게 이용되는 반도체 레이저

을 투과해 레이저 빛으로 외부에 방출된다.

표 1에는 반도체 레이저의 주요 용도와 이용되는 반도체 재료 및 특징을 정리하였다.

그림 1 반도체 레이저의 기본 구조 모형과 구조

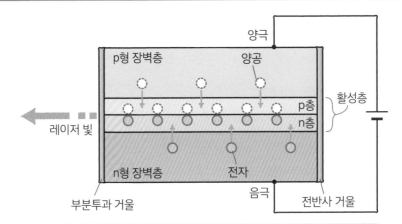

p형 장벽층에서 양공이, n형 장벽층에서 전자가 활성층으로 주입되고, 여기에서 재결합하여 빛이 발생한다. 굴절률 차이 때문에 활성층에 갇힌 빛은 부분투과 거울과 전반사 거울 사이를 왕복하는 동안 동일한 파장과 위상을 가지게 되어 부분투과 거울을 지나 레이저 빛으로 외부에 방출된다.

표 1 반도체 레이저의 주요 용도, 반도체 재료 및 특징

주요 용도		레이저의 파장과 반도체 재료	
통신용	기간망	1.55μm	InGaAsP계(1.1~1.6μm)
	접속망	1.3μm	
정보처리	CD 프린터	0.78μm	GaAlAs계(0.75~0.85μm)
	바코드 DVD	0.65μm	GaAlInP(0.63~0.69μm)
	광저장 디스크	0.40μm	GaN

 용어 해설
laser ···→ light amplification by stimulated emission of radiation
결맞음성 ···→ 진폭과 위상이 일정 관계를 갖는 파동이 서로 간섭하는 성질

트랜지스터는 전기신호의 **증폭 기능**이나 **스위치 기능**을 가진 대표적인 반도체 소자다. 최초의 트랜지스터는 1947년에 미국 BTL(벨 연구소)에서 발명되어, 그 후 다양한 형태의 트랜지스터가 개발, 개량되어 현재에 이른다.

트랜지스터도 반도체의 종류, 구조, 동작 원리 등에 따라 다양한데, 현재 사용되는 대표적인 트랜지스터를 표 1에 나타냈다. 트랜지스터는 **유니폴라(단극)형**과 **바이폴라(2극)형**으로 나뉜다.

유니폴라 형에서는 이름 그대로 전자나 양공 중 하나의 운반자가 동작에 관여한다. 유니폴라 트랜지스터는 전압(전기장)에 따라 동작하기 때문에 **FET**(전기장 효과 트랜지스터)이라고 불린다.

한편, 바이폴라 형에서는 전자와 양공 두 운반자가 모두 관여하고 전류로 동작한다. 바이폴라 트랜지스터에는 p형 반도체와 n형 반도체의 조합에 따라 **p-n-p형**과 **n-p-n형**의 두 종류가 있다.

유니폴라 트랜지스터는 게이트 구조에 따라 **MOSFET**(금속 산화막 반도체 전기장 효과 트랜지스터), **JFET**(접합형 전기장 효과 트랜지스터), **MESFET**(금속 반도체 전기장 효과 트랜지스터)으로 나눌 수 있다.

FET은 전자가 운반자가 되는 **n-채널형**, 양공이 운반자가 되는 **p-채널형**으로 구별한다. 또한 MOSFET과 MESFET에는 게이트에 전압을 가하지 않으면 전류가 통하지 않는 **증강형**과 전압을 가하지 않아도 전기가 통하는

• 트랜지스터는 전기신호의 증폭이나 스위치 작용을 가지는 능동 소자
• 유니폴라형과 바이폴라형으로 크게 구분함

고갈형의 차이가 있는데, JFET은 고갈형만 있다. 이들 각종 트랜지스터에 대해서는 (017)부터 자세히 설명하겠다.

표 1　주요 트랜지스터의 종류

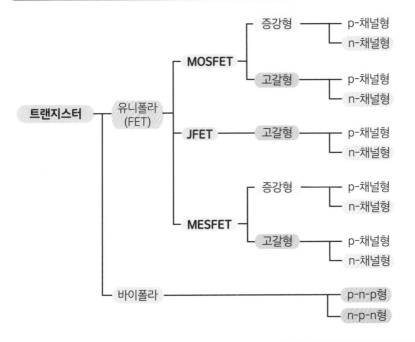

유니폴라 트랜지스터는 전압으로 가동시키기 때문에 전기장 효과 트랜지스터(FET)라고 불린다. FET은 게이트 구조의 차이에 따라 MOSFET, JFET, MESFET으로 분류된다. 한편, 바이폴라 트랜지스터는 전류로 가동시킨다.

증강형은 게이트 전압을 인가하지 않으면 전류가 통하지 않는 타입, 고갈형은 전압을 인가하지 않아도 전류가 통하는 타입

p-채널형에서는 양공이 운반자, n-채널형에서는 자유전자가 운반자

용어해설

FET ···▶ Field Effect Transistor
MOSFET ···▶ Metal Oxide Semiconductor FET

JFET ···▶ Junction FET
MESFET ···▶ Metal Semiconductor FET

017 전자 운반자 MOS 트랜지스터
n-채널형

MOS 트랜지스터는 MOS 전기장 효과 트랜지스터, MOSFET, MOST 등으로 불리기도 하지만, 현재 가장 일반적으로 사용되는 이름이다.

(016)의 표 1에 나타내듯이 MOS 트랜지스터에도 소자 구조나 동작 모드가 다른 몇 가지 종류가 있다. 여기서는 그림 1에 나타낸 **n-채널·증강형 MOS 트랜지스터**에 대해 설명하겠다. 그림 1의 (a)는 구조 모형을, (b)는 회로 기호를 나타냈다.

(a)에서는 p형 실리콘 반도체 기판의 표면 근방에 **소스**와 **드레인**이라 불리는 두 가지 **n⁺ 영역**(고농도 n형 불순물이 첨가된 영역)이 형성되어 있다. 또한 소스 영역과 드레인 영역 사이의 기판 표면상에는 이산화실리콘(SiO_2)으로 이루어진 **게이트 절연막**이 있고, 나아가 그 위에 다결정 실리콘(poly-Si)으로 이루어진 **게이트 전극**이 형성되어 있다. 초기의 MOS 트랜지스터에서는 게이트 전극에 금속(알루미늄)이 이용되었기 때문에 게이트 구조의 머리글자를 따서 MOS(금속–산화막–반도체)라고 이름을 붙였다.

그림 2에는 n-채널·증강형 MOS 트랜지스터의 **전류(I_D)–전압(V_D) 특성**이라 불리는 기본 특성을 나타냈다. 게이트 전압(V_G)을 파라미터로 가로축은 드레인 전압(V_D), 세로축은 드레인 전류(I_D)를 나타낸다. 여기서 소스(V_S)와 기판(SUB)은 그라운드(GND)에 접속되어 있다. 이 트랜지스터에서는 V_G가 **문턱전압**(V_{TH})이라 불리는 일정 값 이상이 되지 않으면 소스와 드레인 사이의 기판 표면으로 유기된 얇은 도전층(채널)이 형성되지 않아 소스와 드레인 사이에 드레인 전류(I_D)가 흐르지 않는다. 이와 같은 특성을 가

- n-채널 MOS 트랜지스터에서는 운반자가 자유전자
- n-채널 MOS 트랜지스터는 플러스 전압에서 동작

지는 것을 '증강형'이라 한다. 또한 'n-채널'은 소스와 드레인 사이를 흐르는 전류의 운반자가 전자라는 사실을 나타낸다.

그림 1 n-채널·증강형 MOS 트랜지스터

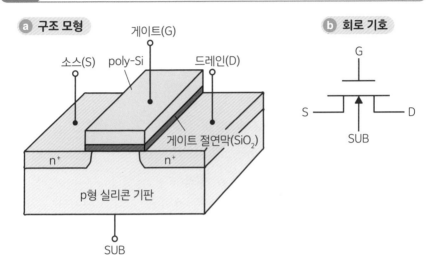

ⓐ **구조 모형**

소스(S) poly-Si 게이트(G) 드레인(D)

게이트 절연막(SiO₂)

n⁺ n⁺

p형 실리콘 기판

SUB

ⓑ **회로 기호**

G

S — D

SUB

그림 2 n-채널·증강형 MOS 트랜지스터의 전류(I_D) − 전압(V_D) 특성

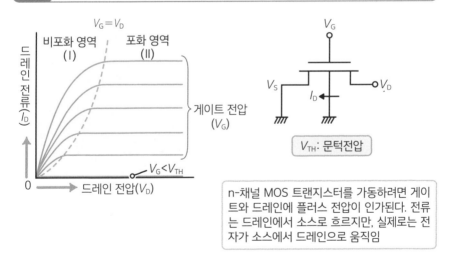

$V_G = V_D$

비포화 영역 (I)   포화 영역 (II)

드레인 전류(I_D)

게이트 전압 (V_G)

$V_G < V_{TH}$

0 → 드레인 전압(V_D)

V_G

V_S V_D

I_D

V_{TH}: 문턱전압

n-채널 MOS 트랜지스터를 가동하려면 게이트와 드레인에 플러스 전압이 인가된다. 전류는 드레인에서 소스로 흐르지만, 실제로는 전자가 소스에서 드레인으로 움직임

용어 해설 MOS ····› Metal Oxide Semiconductor

(017)에서 설명한 n-채널 MOS 트랜지스터에서 소자 각 부분의 반도체 전도성을 거꾸로 한, 즉 p형과 n형을 서로 바꾼 구조를 갖는 트랜지스터를 **p-채널 MOS 트랜지스터**라고 부른다. n-채널형의 특성이 더 뛰어나지만, 제조가 어려웠던 탓에 역사적으로는 p-채널형이 먼저 실용화되었다.

그림 1의 (a)는 p-채널·증강형 MOS 트랜지스터의 구조 모형을, (b)는 회로 기호를 나타냈다. (a)에서는 n형의 실리콘 반도체 기판의 표면 근방에, 소스와 드레인이라는 두 가지 **p⁺ 영역**(고농도 p형 불순물이 첨가된 영역)이 형성되어 있다. 또한 소스 영역과 드레인 영역 사이의 기판 표면상에는 이산화실리콘(SiO_2)으로 이루어진 게이트 절연막이 있고, 나아가 그 위에 다결정 실리콘(poly-Si)으로 이루어진 게이트 전극이 만들어져 있다.

그림 2는 p-채널·증강형 MOS 트랜지스터의 '$I_D - V_D$' 특성을 나타낸다. 이 특성과 (017)에 나온 n-채널·증강형 MOS 트랜지스터를 비교하면 드레인 전압(V_D)과 게이트 전압(V_G)이 마이너스로, 또 소스와 드레인 사이에 흐르는 전류(I_D)의 방향이 반대로 되어 있다는 사실을 알 수 있다. 이는 p-채널형에서는 소스와 드레인 사이의 채널에 흐르는 전류(I_D)가 양공에 의하여 운반되기 때문이다.

또한 증강형에 중에서 '고갈형'이라 불리는 종류도 있는데, 이는 게이트 전압(V_G)을 0V로 해도 소스와 드레인 사이에 전류가 흐른다.

현재 MOS 트랜지스터는 n-채널형과 p-채널형을 조합하여 사용하고 있는데, 자세한 내용은 (019)에서 설명하겠다.

요점 Check!
- p-채널 MOS 트랜지스터에서는 운반자가 양공
- p-채널 MOS 트랜지스터는 마이너스 전압에서 동작

그림 1   p-채널·증강형 MOS 트랜지스터

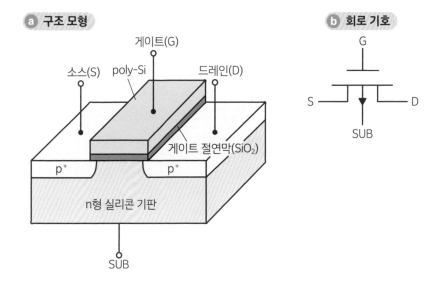

a 구조 모형

게이트(G)
소스(S)   poly-Si   드레인(D)
게이트 절연막(SiO₂)
p⁺   p⁺
n형 실리콘 기판
SUB

b 회로 기호

G
S   D
SUB

그림 2   p-채널·증강형 MOS 트랜지스터의 전류(I_D)–전압(V_D) 특성

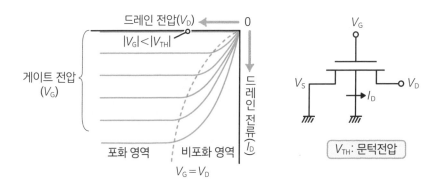

드레인 전압(V_D) ← 0
$|V_G| < |V_{TH}|$
게이트 전압 (V_G)
드레인 전류(I_D)
포화 영역   비포화 영역
$V_G = V_D$

V_G
V_S V_D
I_D

V_{TH}: 문턱전압

p-채널 MOS 트랜지스터를 동작시키기 위해서는 게이트와 드레인에 마이너스 전압을 인가한다. 전류는 소스에서 드레인으로 흐르는데, 양공도 마찬가지로 소스에서 드레인을 향해 움직인다.

MOS 트랜지스터에는 n-채널형과 p-채널형으로 두 타입이 있다는 사실을 (017)과 (018)에서 설명했다. 이 2가지 타입의 MOS 트랜지스터를 한 쌍으로 하여 구성한 회로는 **CMOS**(시모스/상보형 MOS)라 불린다. 상보란 p-채널형과 n-채널형의 MOS 트랜지스터가 서로 부족한 부분을 채워 준다는 뜻이다.

CMOS는 n-채널이나 p-채널의 MOS 트랜지스터 각각 하나와 비교할 때, 제조 공정은 복잡해져 그만큼 제조비용도 늘어나지만 소비전력이 압도적으로 적다는 특징 때문에 휴대폰이나 노트북 등 배터리 구동 형태의 모바일 기기를 가능케 하였다.

그림 1은 p형 실리콘 기판을 이용한 CMOS 구조 모형이다. CMOS에서는 n-채널형과 p-채널형이라는 두 타입의 MOS 트랜지스터를 같은 기판에 만들어야 하므로 **우물**(well)이라 불리는 전도형 불순물을 첨가한 영역이 비교적 깊게 필요하다.

p형 실리콘 기판에 n-채널 MOS 트랜지스터가 형성되고, n형 우물층에 p-채널 MOS 트랜지스터가 형성된다. 이처럼 **우물층**이 한 종류만 이용된 것은 **단일 우물**이라고 부르는데, 두 종류의 **이중 우물**이나 세 종류의 **삼중 우물** 등도 있어 목적에 따라 사용된다.

MOS 트랜지스터는 게이트 전극에 이용되는 다결정 실리콘(poly-Si)의 불순물 전도성으로 n형과 p형이 있고, n-채널 측에는 n형의 다결정 실리콘을, p-채널 측에는 p형의 다결정 실리콘을 이용해야 더 고성능이 된다.

요점 Check!
- n형과 p형의 MOS 트랜지스터가 서로 보완 작용하는 CMOS
- 두 MOS 트랜지스터의 기판과 게이트 전극 특성 및 우물 구조가 서로 다른 CMOS

표 1에 CMOS의 분류를, 실리콘 기판의 전도형과 게이트 전극의 전도형, 나아가 우물 구조에 따라 나타냈다.

CMOS의 구조 모형

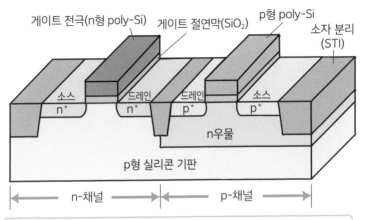

게이트 전극(n형 poly-Si) 게이트 절연막(SiO$_2$) p형 poly-Si 소자 분리 (STI)

소스 n$^+$ 드레인 n$^+$ 드레인 p$^+$ 소스 p$^+$ n우물 p형 실리콘 기판

n-채널 p-채널

p형 실리콘 기판에 단일 n우물을 형성한 CMOS 구조, 또 게이트 전극의 다결정 실리콘은 p-채널 MOS에는 p형, n-채널 MOS에는 n형이 이용됨

표 1 CMOS의 분류

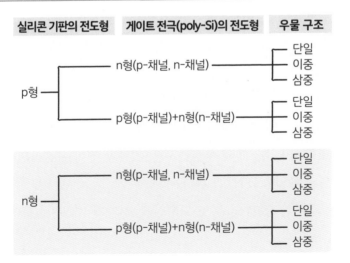

실리콘 기판의 전도형	게이트 전극(poly-Si)의 전도형	우물 구조
p형	n형(p-채널, n-채널)	단일 / 이중 / 삼중
	p형(p-채널)+n형(n-채널)	단일 / 이중 / 삼중
n형	n형(p-채널, n-채널)	단일 / 이중 / 삼중
	p형(p-채널)+n형(n-채널)	단일 / 이중 / 삼중

용어
해설 CMOS ···▸ Complementary MOS

020 p-n 접합 게이트 트랜지스터
JFET

전기장 효과 트랜지스터 중에 JFET(접합형 FET)이라는 소자가 있다. JFET 에서는 게이트 전극이 반도체의 p-n 접합(p-n junction) 구조를 가지고 있다.

JFET은 어떤 운반자(전자와 양공)를 이용하는가에 따라 p-채널형과 n-채널형이 있다. 다만 JFET은 모두 고갈형으로 증강형은 존재하지 않는다. 즉 게이트 전극에 전압을 가하지 않은 상태에서도 소스와 드레인 사이에 전류가 흐른다.

그림 1의 (a)는 실리콘 반도체를 이용한 n-채널형 JFET의 구조 모형을 나타내고, (b)는 회로 기호를 나타낸다. n형 실리콘의 양단에서 소스(S) 전극과 드레인(D) 전극이 나와 윗면과 아랫면 근방에 p형 영역이 형성된다.

JFET은 소스 전극을 접지하여 드레인 전극에 플러스 전압을 가하면 양 전극 사이에는 전류가 흐른다. 이때 게이트 전극 p형 영역에 마이너스 전압을 가하면 p-n 접합 경계면 근방에 고갈층이 확장되어 전자의 흐름을 방해하므로 전류가 줄어든다. 즉 소스와 드레인 사이에 흐르는 전류를, 게이트 전극에 전압을 가하여 고갈층 확장 정도로 제어하는 전기장 효과 트랜지스터다.

JFET은 실리콘 외에 화합물 반도체 재료를 이용한 것도 있다. 또 여기서는 n-채널형 JFET에 대해 설명했지만, 기판과 게이트 전극의 도전형을 반대로 하면 p-채널형 JFET이 된다.

그림 2는 평판형 JFET의 구조 모형인데, 전자가 흐르는 n형 영역을 얇

요점
Check!
• p-n 접합을 게이트로 하는 전기장 효과 트랜지스터 JFET
• JFET의 기판은 실리콘이나 화합물 반도체가 이용됨

게 하여 한쪽의 게이트 전압을 이용한다. JFET은 보통 입력 임피던스가 높은 것을 이용하며 오디오용 입력 앰프 등에 이용된다.

그림 1 실리콘 n-채널 JFET

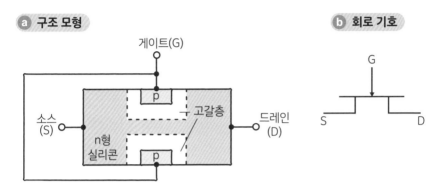

a 구조 모형

b 회로 기호

게이트 전극에 역방향 전압(이 경우는 마이너스 전압)을 인가하여 고갈층의 폭을 변화시켜, 이로 인해 전류가 흐르는 소스와 드레인 사이의 n형 영역 폭을 제어한다. 게이트 전극의 전압을 2배 증가시켜 양쪽에서 고갈층이 2배로 확장되는 것을 알 수 있음

그림 2 평판형 JFET 구조 모형

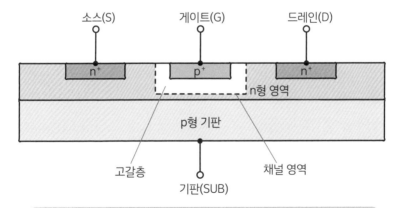

p형 기판 위의 n형층을 얇게 만들면 한쪽 게이트 전극(p⁺ 영역)에서 소스와 드레인 사이의 전자가 흐르는 영역(채널) 폭을 효율적으로 제어할 수 있다.

용어 해설 **평판형** ⋯ planar type

쇼트키 게이트 트랜지스터
MESFET

화합물 반도체 중에서 가장 인기 있는 재료 갈륨비소(GaAs)를 이용하는 MESFET 전기장 효과 트랜지스터에 대해 알아보자.

MESFET의 MES는 MEtal Semiconductor의 약자로 게이트 전극이 MOS 트랜지스터 같은 **절연형 게이트**가 아니고 **쇼트키 장벽**이라 불리는 구조를 가지고 있다. 쇼트키 장벽이란 금속과 반도체가 접촉하는 계면에 전류가 한 방향으로만 흐를 수 있는 특성을 가지는, 즉 정류작용을 발생하게 하는 '운반자의 에너지 벽'을 뜻한다. GaAs 반도체는 실리콘(Si)에 비하여 전자이동도가 높고, 반절연성 결정이나 이종 접합을 만들기 쉽다는 특징이 있다. 반면에 재료 측면에서는 내열성이나 화학적 안정성이 낮다는 단점으로 절연 게이트 구조 실현이 어렵다.

GaAs MESFET에서는 쇼트키 게이트 전극에 전압을 인가하여 n-GaAs 층의 표면에서 내부로 점점 넓어지는 고갈층의 폭을 변화시켜 n-GaAs층으로 흐르는 전류를 제어한다.

그림 1의 (a)는 GaAs MESFET의 구조 모형을, (b)는 회로 기호를 나타낸다. 또 그림 2는 반절연성인 갈륨비소(s.i. GaAs) 위에 n형 갈륨비소 (n-GaAs)층을 형성한 기판을 이용하는 고출력 GaAs MESFET을 나타낸다. n-GaAs층의 표면에는 알루미늄(Al)이나 타이타늄(Ti), 백금(Pt), 금(Au) 등 쇼트키 장벽 게이트 전극, n⁺-GaAs와 옴성 접촉을 형성하는 금, 저마늄(Ge), 니켈(Ni) 등의 금속으로 이루어진 소스 전극과 드레인 전극을 가진다.

• 게이트에 쇼트키 장벽 특성을 이용하는 전기장 효과 트랜지스터 MESFET
• 마이크로파 소자에 이용되는 GaAs MESFET

GaAs MESFET은 마이크로파 소자에 많이 이용되고, 휴대폰 등의 민수용 기기를 비롯하여 이동통신의 기지국이나 인공위성에 탑재하는 중계기 등에 이용되고 있다.

그림 1 GaAs MESFET

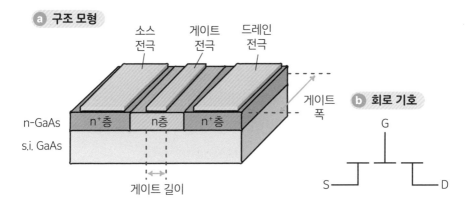

a 구조 모형

b 회로 기호

그림 2 고출력 GaAs MESFET의 단면 모형

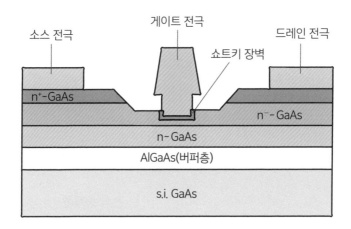

금속의 게이트 전극은 반도체 n-GaAs에 직접 접하고 있지만, 쇼트키 장벽이라 불리는 절연막과 비슷한 특성을 띠기 때문에 게이트로서 기능한다. n⁺-GaAs는 소스와 드레인이 전극과 옴 접촉 특성을 얻기 위해 삽입된다.

용어 해설
s.i. ···▸ semi insulating (반절연성)
옴 접촉 ···▸ Ohmic contact ('전압-전류' 특성이 선형인 옴성 접촉)

바이폴라 트랜지스터는 바이(bi: 양쪽) 폴라(polar: 극성), 즉 전자와 양공의 양극성 운반자를 이용하는 트랜지스터의 일종으로 전류 증폭작용이나 스위칭 특성 등을 가진다. 바이폴라 트랜지스터는 p형 반도체와 n형 반도체를 3개 조합한 **n-p-n 접합 구조** 또는 **p-n-p 접합 구조**로 이루어진다. 그림 1의 (a)는 실리콘의 n-p-n형과 p-n-p형의 바이폴라 트랜지스터 구조 모형을, (b)는 그것들의 회로 기호를 나타낸다. 양쪽의 반도체 영역은 **에미터(E)와 컬렉터(C)**라 불리며, 그 사이에 낀 영역은 **베이스(B)**라 한다.

여기서는 n-p-n형을 예로 기초적인 트랜지스터 동작을 살펴보자.

그림 2의 (a)에 나타내듯이 n-p-n 바이폴라 트랜지스터는 베이스와 에미터 사이에 순방향 전압(V_{EB})에 일정 이상의 전압(실리콘 바이폴라 트랜지스터에서는 약 0.6V 이상)을 가하면 에미터 영역의 전자가 p형 베이스 영역으로 주입되고, 에미터 전류(I_E)를 발생시킨다. 주입된 전자의 일부는 양공과 재결합하여 베이스 전류(I_B)를 만들어 내지만, 베이스 영역의 폭이 얇기 때문에 대부분은 이 베이스 영역을 빠져나가 컬렉터 영역에 도달하게 되고 컬렉터 전류(I_C)를 만들어 낸다. 정리하면 다음과 같은 식이 성립한다.

$$I_E = I_B + I_C$$

컬렉터 전류 I_C와 베이스 전류 I_B의 비는 **전류 증폭률(β)**이라 하며 트랜지스터의 대표적인 성능 지수이다.

$$\beta = I_C/I_B$$

요점 Check!
• 전자와 양공의 두 운반자로 동작하는 바이폴라 트랜지스터
• 바이폴라 트랜지스터에는 n-p-n형과 p-n-p형이 있다.

그림 2(b)는 n-p-n 바이폴라 트랜지스터로 에미터를 접지하여 베이스 전류(I_B)를 변수로 하는 컬렉터 전류(I_C)와 컬렉터 전압(V_{CE}) 관계의 출력 특성을 나타낸다.

그림 1 바이폴라 트랜지스터

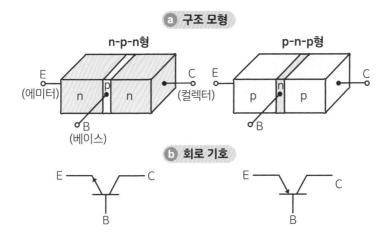

a 구조 모형

n-p-n형   p-n-p형

E
(에미터)

C
(컬렉터)

n   n

B
(베이스)

E   p   p   C

B

b 회로 기호

E   C

B

E   C

B

그림 2 n-p-n 바이폴라 트랜지스터의 동작

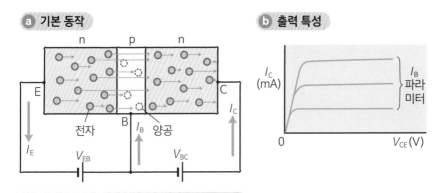

a 기본 동작

n   p   n

E   C

전자   B I_B 양공

I_E V_{EB} V_{BC} I_C

b 출력 특성

I_C
(mA)

I_B
파라
미터

0   V_{CE}(V)

에미터(E)에서 주입된 전자의 일부는 베이스 영역(B: p형)에서 양공과 재결합하여 베이스 전류 I_B가 되지만, 대부분은 베이스 영역을 통과 컬렉터(C)에 도달하여 컬렉터 전류 I_C가 된다.

트랜지스터의 탄생

이 장에서 설명한 전자회로의 핵심 소자인 트랜지스터의 동작은 1947년에 미국 벨 연구소(BTL)의 브래튼(W. H. Brattain)과 바든(J. Bardeen)이 발명했다. 이 트랜지스터는 **점접촉형 트랜지스터**라 불렸는데, 제조상의 재현성이나 특성의 안정성 등의 문제로 제품화되지 못하였다.

이듬해 1948년에 같은 BTL에 있던 쇼클리(W. Shockley)가 **접합형 트랜지스터**에 관한 특허를 출원했다. 그 후 이 트랜지스터는 제품으로 만들어져 군사용부터 민생용까지 널리 이용되면서 그때까지 사용되어 왔던 진공관을 바꿔놓았다.

브래튼, 바든, 쇼클리는 트랜지스터 발명의 공적을 인정받아 1956년에 노벨 물리학상을 받았다.

쇼클리는 그 후 1955년에 캘리포니아 실리콘밸리에 쇼클리 반도체연구소를 세웠다. 쇼클리에게는 완고하고 독선적인 면이 있었는데, 그것이 연구 주제의 선택이나 나아가는 방법에도 짙게 반영되었던 듯하다. 그 때문에 같은 연구소에서 일하던 연구원들과도 자주 충돌했다. 1957년에는 8명의 연구자들이 독립하여 페어차일드세미컨덕터를 설립한다. 그리고 얼마 지나지 않아 텍사스인스트루먼트가 최초로 집적회로를 만들어 낸다.

다시 몇 년 후, 노이스(R. Noyce)와 무어(G. E. Moore)는 페어차일드를 떠나 인텔을 창립하여 많은 부를 축적하였으며, 인텔은 세계 제일의 반도체 기업으로 발돋움하였다. 이들 연구자들은 다시 60여 개의 반도체 회사를 창업하였고 이 회사들이 계속 발전하여 실리콘밸리는 '반도체의 메카'라고 불리게 된다.

3장

반도체
집적회로 - 로직

여기에서는 실리콘 반도체 기판에 다수의
소자를 만들어, 그것들을 배선으로 접속하는
대표적인 반도체 집적회로(CMOS-IC)에서
수치 계산이나 논리 연산을 하는 로직에 대해
설명한다.
로직은 규격품과 주문품으로 나뉜다.

집적회로는 Integrated Circuits(IC)를 번역한 말이다. 집적회로 중에서도 대표적인 반도체 집적회로(모놀리식 IC)는 그림 1에 나타내듯이 다양한 기능을 가진 다수의 전자 소자를 한 반도체 기판에 만들어, 그것을 내부 배선으로 접속하여 목표하는 작용을 실현하는 전자회로를 지칭한다.

집적회로가 발명될 때까지 저항, 콘덴서, 다이오드, 트랜지스터 등의 개별 전자 부품(디스크리트 부품)을 프린트 기판(pcb)에 실장하고 외부 배선으로 접속하여 필요한 회로를 만들었다.

이에 반하여 현재 가장 많이 이용되는 반도체 집적회로에서는 단결정 실리콘(Si) 반도체 기판에 저항이나 콘덴서 등의 수동 소자와 다이오드나 트랜지스터 등의 능동 소자 그리고 그것들을 접속하는 배선을 동시에 만든다.

집적회로는 시대와 함께 가공기술의 진전 그리고 소자와 배선의 미세화가 진행되어 요즘에는 100nm(10^{-5}cm) 이하의 치수로 만들어진다. 이는 광석 라디오에 비하면 치수로 3만분의 1 이하, 넓이로 10억분의 1 이하까지 소형화된 것이다.

이처럼 집적회로의 출현과 진보에 따라 전자 기기가 가볍고 얇고 작아졌을 뿐만 아니라 복잡하고 다양한 기능, 저소비전력으로 고속 동작, 땜납점 수의 감소에 따른 신뢰성 향상, 저비용화가 실현되었다. 집적회로의 진보는 지금도 1분 1초 단위로 진행되고 있다.

집적회로를 만드는 방법에 대해서는 뒷부분에 다시 자세히 설명하겠지

- 반도체 기판에 소자를 만들고, 내부 배선으로 접속시킨 반도체 집적회로
- 기기의 경박단소(가볍고 얇고 짧고 작음) 다기능·고성능·고신뢰성화를 실현

만, 그림 2에 대략적인 내용을 소개한다. 웨이퍼(기판)라 불리는 단결정 실리콘 기판에 집적회로를 다수 만들고, 그 하나하나(칩)를 잘라서 케이스에 봉입한다. 여러 가지 전자 기기 장치는 이 완성된 집적회로를 프린트 기판에 장착하여 만들어진다.

그림 1 반도체 집적회로

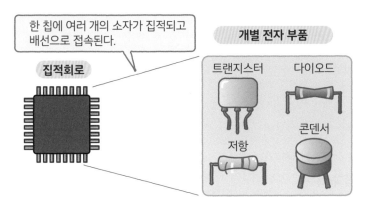

한 칩에 여러 개의 소자가 집적되고 배선으로 접속된다.

집적회로

개별 전자 부품

트랜지스터　　다이오드

콘덴서

저항

그림 2 실리콘 반도체 집적회로의 이미지

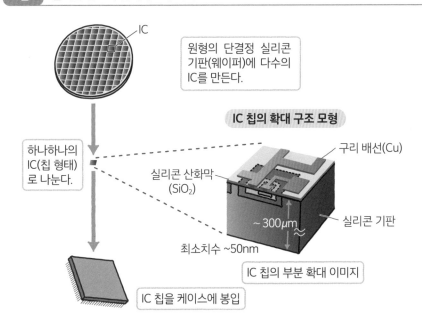

IC

원형의 단결정 실리콘 기판(웨이퍼)에 다수의 IC를 만든다.

하나하나의 IC(칩 형태)로 나눈다.

IC 칩의 확대 구조 모형

구리 배선(Cu)

실리콘 산화막 (SiO₂)

~300μm

실리콘 기판

최소치수 ~50nm

IC 칩의 부분 확대 이미지

IC 칩을 케이스에 봉입

집적회로에는 여러 종류가 있다.

표1에 집적회로를 기본 구조 측면에서 분류하여 나타낸다. 이 표에서 모놀리식 IC라고도 불리는 반도체 집적회로는 동일한 반도체 기판에 각종 수동 소자와 능동 소자를 다수 만들어 넣고, 그것들을 배선으로 접속한 것이다.

박막 집적회로는 절연 기판에 필름 상태의 저항 콘덴서 등 수동 소자를 만들고, 그것들을 배선으로 접속한 것이다. 박막 집적회로는 소자 박막의 두께에 따라 두께 1μm 정도의 박막 집적회로와 두께 $1{\sim}10\mu$m의 후막 집적회로로 나눌 수 있다.

혼성 집적회로는 '하이브리드 IC'라고도 불리는데, 박막 집적회로에 다이오드나 트랜지스터 등 능동 소자를 추가 장착하여 외부 배선으로 접속한 것이다.

표2에는 반도체 집적회로의 기판 재료에 따른 차이를 실리콘 IC와 화합물 IC에 대해 각각 비교했다. 이 표에서도 알 수 있듯이 실리콘 IC와 화합물 IC는 서로 보완하는 관계로, 한마디로 실리콘 IC로 가능한 곳에는 실리콘 IC를 쓰고, 고출력·저잡음·고주파 등의 특성이 필요하거나 레이저 발광 등 실리콘 IC로 대응하기 어려운 분야에는 화합물 IC가 이용된다. 화합물 IC는 기능이나 집적도 면에서는 실리콘 IC를 따라가지 못하기 때문에 집적회로(IC) 관점에서 같은 선상에서 비교하긴 어렵다. 규모가 작고 특별한 성능이 요구되는 곳에 한하여 화합물 IC가 사용된다.

- IC는 모놀리식 IC와 박막 IC, 하이브리드 IC로 분류
- 반도체 IC는 재료에 따라 실리콘 IC와 화합물 IC로 분류

표 3은 실리콘 IC가 쓰이는 신호의 종류에 따른 분류를 나타냈다. 신호에는 디지털 신호를 다루는 디지털 IC와 아날로그 신호를 다루는 아날로그 IC 외에도 디지털과 아날로그 양쪽 신호를 한 IC에서 처리하는 '혼합신호 IC'도 있다.

표 1 집적회로의 기본 구조에 따른 분류

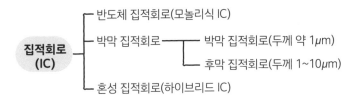

표 2 반도체 기판 재료에 따른 집적회로 비교

	실리콘 IC	화합물 IC
장점	• 단일 원소의 단결정으로 이루어진 기판 • 기판의 내열성이나 기계적 강도가 높음 • 고순도·대구경 웨이퍼를 제작하기 쉬움 • 미세 가공기술 적용으로 고집적·고성능 IC 실현 용이 • 열산화법 공정으로 고품질 절연막(SiO₂) 형성이 용이 • 저비용화 실현 용이	• 성분 원소비율로 금지대역 폭 조정 가능 • 레이저 발광 가능 • 고출력, 저잡음, 고주파수
단점	• 전자의 이동도가 화합물 재료 IC보다 낮음 • 고출력, 저잡음, 고주파수에서 화합물 재료 IC보다 떨어짐 • 레이저 및 발광 어려움	• 기판 구조가 복잡 • 기판의 내열성이나 기계적 강도가 실리콘 재료 IC보다 떨어짐 • 고순도·대구경 웨이퍼 제작 어려움 • 소자 구조가 복잡하고 미세 가공 어려움 • 비용 측면에서 실리콘 IC에 비하여 높음

표 3 처리신호에 따른 IC 분류

IC ┬ 디지털 IC: 띄엄띄엄 이산신호, 대표적으로는 '1', '0' 신호로 처리
├ 아날로그 IC: 연속적 신호를 처리
└ 혼합신호 IC: 동일 IC에서 디지털과 아날로그 두 신호를 모두 처리

반도체 집적회로(IC) 중에서 가장 대표적인 것은 MOS 트랜지스터를 이용한 MOS-IC이다. MOS-IC는 미세 가공기술을 발전시켜 소자나 배선의 치수를 축소하여 고집적화·다기능화·고성능화를 실현해 왔다.

설계치수는 특징치수나 최소치수 등으로도 불리는데, 그림 1에 나타내듯이 3년 만에 약 0.7배, 따라서 면적으로 환산하면 약 반($0.7^2 = 0.49$) 정도로 공간을 축소시켰다.

이처럼 소자와 배선을 미세화시켜 같은 면적의 IC 칩에 더 많은 소자를 집적할 수 있게 됨에 따라, 전보다 더 다기능적인 IC를 실현할 수 있었다.

그림 2는 MOS-IC의 **집적도**, 즉 칩에 장착되는 소자 수의 증가 추이를 정보를 기억하는 기능의 메모리 IC, 그리고 수치 계산이나 논리 연산을 하는 로직 IC에 대하여 나타낸다. 이 그림에서 동일 연대에 메모리 IC가 더 고집적도를 나타내는 이유는 메모리 IC의 소자가 더 규칙적으로 배열되어 있기 때문이다.

집적회로는 그림 2에 나타내듯이 집적도에 따라 다양한 명칭으로 불린다.

소자를 미세화하기 위해서는 가로 방향 치수의 축소와 동시에 세로 방향도 축소해야 한다. 이때 가이드라인이 되는 것이 **비례축소의 원칙**인데, 예컨대 소자 각 부분에 인가하는 전기장의 비를 일정하게 유지하면서 축소하는 방법이 있다. 이렇게 하여 IC의 동작속도 향상과 소비전력의 절감을 실현하여 온 것이다.

이처럼 미세화 기술은 집적회로의 기능당 비용 절감을 실현하고 집적회

• 1개의 IC 칩에 장착되는 소자 수를 나타내는 집적도
• IC는 집적도에 따라 SSI~ULSI 명칭으로 구별됨

로의 폭넓은 분야로의 보급에 기여해 왔다. 근래 들어 미세화 진행의 물리적, 기술적, 경제적 한계가 보이고 있지만, 새로운 특성의 신재료나 3차원적 소자 구조 또는 신공정 도입에 따른 브레이크스루가 기대된다.

반도체 집적회로의 미세화 추이

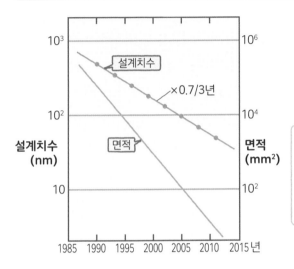

미세화는 연속적이라기보다 거의 3년마다 일어나는데, 이 3년간은 '소자의 세대'라고도 불린다. 따라서 미세화는 이 세대별로 앞 세대의 70퍼센트로 축소되는 점을 알 수 있다.

MOS-IC의 집적도 추이

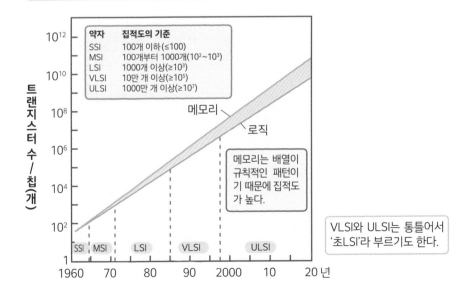

메모리는 배열이 규칙적인 패턴이기 때문에 집적도가 높다.

VLSI와 ULSI는 통틀어서 '초LSI'라 부르기도 한다.

IC는 어떠한 작용을 하는가에 따라 구분하기도 하는데, 표 1에 MOS-IC의 기능에 따른 분류 예를 나타낸다.

메모리 IC는 다양한 정보를 기억시킨 후 필요할 때 적절히 꺼내 쓸 수 있는 반도체 장치이다. 메모리 IC에는 전원을 차단하면 정보를 잃어버리는 타입(휘발성)과 계속 기억하는 타입(비휘발성)이 있다. 휘발성 메모리에는 기억저장 동작이 필요한 쓰고/읽는 메모리(DRAM)나 기억저장 동작이 불필요한 쓰고/읽는 메모리(SRAM)가 있다. 비휘발성 메모리에는 IC를 제조할 때 메모리 내용을 정하는 마스크 읽기 전용 메모리(MROM)와 쓰기/삭제가 가능한 플래시 메모리가 있다.

마이콤 IC는 컴퓨터의 중앙 연산처리 장치로서 초소형 연산처리 장치(MPU), 초소형 제어 장치(MCU), 입출력 장치 등 주변 기기를 제어하는 주변 회로가 있다.

메모리 IC나 마이콤 IC가 규격형인 점에 비해, **ASIC**은 특정 용도를 위한 주문형 IC이다. ASIC은 특정 커스터머 IC(USIC)와 특정 용도를 위한 표준 IC(ASSP)로 나뉘고, USIC은 나아가 반주문형과 전주문형으로 나뉜다. 반주문형에는 간편 오더에 해당하는 게이트 어레이(GA), 빌딩블록 설계 방식을 이용하는 셀 베이스 IC(SCA, CB-IC), 게이트 어레이에 거시 메모리의 셀을 추가한 내장형 셀 어레이(ECA), 완성 후 프로그램할 수 있는 규격형 로직 IC(PLD, FPGA) 등이 있다.

- MOS-IC는 메모리, 마이콤, ASIC 및 시스템 IC로 크게 분류됨
- 시스템 IC는 1개의 칩에 시스템 기능을 장착함

시스템 IC는 CPU, 메모리, 로직, 주변 회로 등을 1개의 칩에 장착한다. 이들 각종 IC에 대한 구체적인 내용은 항목을 나누어 설명하도록 한다.

표 1 MOS-IC의 기능 분류 예

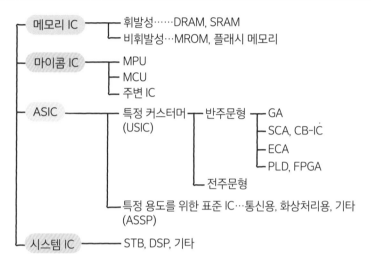

DRAM	Dynamic Random Access Memory
SRAM	Static Random Access Memory
MROM	Mask Read Only Memory
MPU	Micro Processor Unit
MCU	Micro Controller Unit
ASIC	Application Specific Integrated Circuits
USIC	User Specific Integrated Circuits
GA	Gate Array
SCA	Standard Cell Array
CB-IC	Cell Base Integrated Circuits
ECA	Embedded Cell Array
PLD	Programmable Logic Device
FPGA	Field Programmable Gate Array
ASSP	Application Specific Standard Products
STB	Set Top Box(셋톱박스)
DSP	Digital Signal Processor

메모리 IC와 마이콤 IC는 규격 IC, ASIC과 시스템 IC는 주문형 IC로 분류됨

논리회로에서 연산 처리의 논리적인 기초가 되는 기호논리학의 **부울대수**는 영국의 수학자이자 철학자인 조지 부울(George Boole, 1815~1864)이 제창했다.

부울대수는 표 1에 수식으로 규칙을 정리했는데, 다음과 같은 성질을 갖고 있다.

◦ 변수는 A, B, C, ……로 표시되고, '1' 아니면 '0'의 값을 취한다.

◦ 변수에 대한 연산은 기본적으로 다음 3종류이다.

　• NOT(논리부정): 논리부정이라고도 불리며, 연산 기호는 '−'로 나타낸다.

　• OR(논리합): 논리합이라고도 불리며 연산 기호는 '+'로 나타낸다.

　• AND(논리곱): 논리곱이라고도 불리며 연산 기호는 '·'로 나타낸다.

◦ 부울대수의 연산에 관하여 다음 법칙들이 성립한다.

　• 변수의 이중 부정(부정의 부정)은 원래의 변수가 된다.

　• 교환법칙은 연산에 있어서 변수의 교환으로 규정한다.

　• 분배법칙은 합과 곱의 조합으로 규정한다.

　• 합의 연산에서 단위 변수 '0'이 존재할 때 임의의 변수와 '0'의 합은 원래 변수가 된다.

　• 곱의 연산에서 단위 변수 '1'이 존재할 때 임의의 변수와 '1'의 곱은 원래 변수가 된다.

　• 모든 변수에는 부정이 존재하고, 변수와 부정의 합은 '1'이 되며 변수와 부정의 곱은 '0'이 된다.

요점
Check!
• 논리회로의 기본 부울대수
• NOT, OR, AND는 논리회로의 기본 요소

또 중요한 규칙으로 **드 모르간 정리**가 있다.

• **합의 부정은 부정의 곱, 곱의 부정은 부정의 합이다.**

그림 1은 논리 연산에 대한 회로 기호를 나타낸다.

표 1   부울대수에 관한 규칙

• 변수는 $A, B, C, \cdots$로 나타내며 '1' 또는 '0'의 논리값을 가짐

• 3종류의 연산: NOT(논리부정), 기호는 '−'
                  OR(논리합), 기호는 '+'
                  AND(논리곱), 기호는 '·'

교환법칙 $A+B = B+A$ $A \cdot B = B \cdot A$

분배법칙 $A \cdot (B+C) = (A \cdot B) + (A \cdot C)$ $A + (B \cdot C) = (A+B) \cdot (A+C)$

단위 변수   합의 단위 변수 '0' $A+0 = A$ 곱의 단위 변수 '1' $A \cdot 1 = A$

논리부정   임의의 변수 $\overline{A}$의 보원 $A+\overline{A} = 1$ $A \cdot \overline{A} = 0$

드 모르간 정리 $\overline{A+B} = \overline{A} \cdot \overline{B}$ $\overline{A \cdot B} = \overline{A} + \overline{B}$

그림 1   논리 연산에 대한 회로 기호

논리 연산	회로 기호
논리부정 '−'	
논리합 '+'	
논리곱 '·'	

컴퓨터 등의 정보처리 장치 내부에서 다양한 수치 계산이나 논리 연산을 하는 것이 논리회로인데, 그것을 구성하는 기본 요소는 **기본 논리회로** 또는 **게이트 회로**라고 불린다. 게이트 회로에는 여러 종류가 있는데, 가장 기초가 되는 것은 **NOT 회로**이다. NOT 회로는 1입력(A) 1출력(Y)으로 이루어지는 회로로 다음 논리식으로 나타낸다.

$$Y = \overline{A} \qquad (Y\text{는 }A\text{바})$$

이 식은 'Y는 A가 아니다', 'Y는 A의 반대다'라는 뜻을 가지는 연산이다. 이 때문에 NOT 회로는 '부정 회로'라 불리기도 한다. NOT 회로에 대한 논리 기호(회로 기호)를 그림 1의 (a)에, 진리값표를 (b)에 나타냈다.

NOT 회로를 그림 2와 같이 건전지, 꼬마전구, 스위치로 이루어진 간단한 전기회로를 가지고 생각해 보자. 여기서 스위치 A가 켜져 있을 때, 즉 ON 상태이면 '1', 스위치가 꺼져 있을 때, 즉 OFF 상태이면 '0'이라고 하자. 마찬가지로 출력 Y로 꼬마전구가 켜져 있으면 '1', 꺼져 있으면 '0'으로 하자. 이 회로로 그림 1(b) 연산을 실현할 수 있다는 점을 알 수 있다.

그림 3은 실제 CMOS를 이용한 NOT 회로의 구성 예이다. 전원 전압 V_{DD}를 'H: 높음', GND 전압(0V)을 'L: 낮음'으로 하여, 'H'에는 '1', 'L'에는 '0'을 대응시킨다. 이 그림에서 입력 A가 '1'일 때 n-채널 MOS 트랜지스터를 ON(접속 상태)으로 하면 p-채널 MOS 트랜지스터가 OFF(오픈 상태)가 되고, 출력 Y는 GND로 연결되어 '0'이 된다. 반대로 입력 A가 '0'일 때는 n-

요점 Check!
• 가장 기본적인 논리회로는 NOT 회로
• CMOS로 NOT 회로 구성 가능

채널 MOS 트랜지스터가 꺼짐, p-채널 MOS 트랜지스터가 켜짐이 되면서 Y는 V_{DD}에 접속되어 '1'이 된다. 이는 그림 1(b)의 논리 연산과 일치한다.

그림 1 NOT 회로

ⓐ 논리 기호(회로 기호)

A ———▷○——— Y

ⓑ 진리값표

입력	출력
A	Y
0	1
1	0

그림 2 스위치 회로로 구성한 NOT 회로

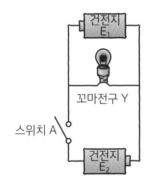

건전지 E_1

꼬마전구 Y

스위치 A

건전지 E_2

스위치 A가 꺼져 있으면(오프) 꼬마전구 Y는 건전지 E_1 때문에 점등된다(켜짐). 스위치 A가 켜져 있으면(온) 건전지 E_1과 E_2의 전압이 둘 다 내려가 꼬마전구 Y도 꺼짐(오프)

그림 3 CMOS로 구성한 NOT 회로

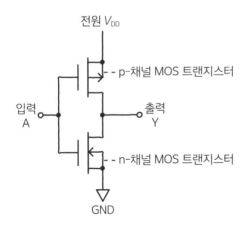

전원 V_{DD}

p-채널 MOS 트랜지스터

입력 A

출력 Y

n-채널 MOS 트랜지스터

GND

n-채널 MOS 트랜지스터의 기판(또는 p우물)은 GND에, p-채널 MOS 트랜지스터의 기판(또는 n우물)은 전원 V_{DD}에 접속되어 있다. 따라서 원래 마이너스 전압에서 동작하는 p-채널 MOS 트랜지스터를 플러스 전원 V_{DD}에서 동작하게 하는 것이 가능함

OR 회로는 논리합, 즉 '…또는…'이라는 논리 연산을 하는 회로다. OR 회로에서는 일반적으로 2입력 이상의 다 입력(A, B, C, …)과 1출력(Y)이 있는데, 여기서는 기초가 되는 2입력일 때를 생각해 보자. 3개 이상을 입력할 때는 2입력일 때를 쉽게 확장하여 생각할 수 있다.

OR 회로는 논리합의 연산에 대한 기호 '+'를 이용하여 다음과 같은 논리식으로 나타낼 수 있다.

$$Y = A + B \qquad \text{(Y는 A 오어 B)}$$

2입력 OR 회로에 대한 논리 기호(회로 기호)를 그림 1의 (a)에, 진리값표를 (b)에 나타낸다. 그림 1에서 입력 A, B가 모두 '0'일 때 출력 Y는 '0', 그밖의 입력 조합에서 출력은 모두 '1'이 된다는 사실을 알 수 있다.

그림 2에 간단한 스위치 회로를 이용한 OR 회로의 예를 나타낸다. 이 그림에서 입력하는 스위치 A, B는 병렬로 접속되어 있다. 이때 스위치 A, B가 모두 꺼짐, 즉 '0'일 때만 출력 꼬마전구가 꺼지는데, 이는 그림 1(b)의 논리와 일치하는 사실을 알 수 있다.

그림 3에 OR 회로의 CMOS 구성회로 예를 나타냈다. 이 그림에서 마지막의 부정회로 입력을 X, 출력을 Y로 한다. 2입력 A, B가 모두 '0'일 때에만 출력단 X가 커짐이 되는 트랜지스터 Q_4와 Q_5를 매개로 전원에 접속되므로 '1', 따라서 X를 입력으로 하는 마지막 단의 출력(회로 전체의 출력) Y가 '0'이 된다.

그 밖에 입력 A, B의 조합에 대해서는 트랜지스터 Q_1 또는 Q_2 중 하나

- '……또는……'을 의미하는 OR 회로
- OR 회로는 복수의 입력 중 하나가 '1'이면 출력도 '1'

가 켜짐이 되고, 또 트랜지스터 Q_3, Q_4 중 하나가 꺼짐이 되므로 출력단 X
는 GND에 접속되어 '0', 따라서 Y는 '1'이 된다. 이는 그림 1(b) 진리값표
의 논리와 일치한다.

그림 1 2입력 OR 회로

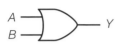
ⓐ **논리 기호(회로 기호)**

ⓑ **진리값표**

입력		출력
A	B	Y
0	0	0
0	1	1
1	0	1
1	1	1

그림 2 스위치 회로로 구성한 OR 회로

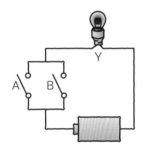

스위치 A, B 중 하나가 켜져 있으면(온) 꼬
마전구 Y는 점등한다(온). 스위치 A, B 모
두 꺼져 있으면(오프), 꼬마전구 Y는 꺼진
다(오프).

그림 3 CMOS로 구성한 OR 회로

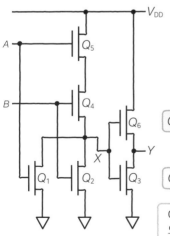

Q_4, Q_5, Q_6는 p-채널 MOS 트랜지스터

Q_1, Q_2, Q_3는 n-채널 MOS 트랜지스터

이 회로의 마지막 단은 X를 입력, Y를 출력
으로 하는 NOT 회로가 되어 있다.

AND 회로는 논리곱, 즉 '…또한…' 또는 '…동시에…'라는 논리 연산을 하는 회로이다. AND 회로는 일반적으로 2개 이상의 여러 가지 입력(A, B, C, …)과 1개의 출력(Y)이 있는데, 여기서는 기초가 되는 2개의 입력(A, B)일 때를 생각해 보겠다. 3개 이상을 입력하는 경우는 2개 입력할 때를 쉽게 확장하여 생각할 수 있다.

AND 회로는 논리곱 연산에 대한 기호 '·'를 이용하여 다음과 같은 논리식으로 나타낼 수 있다.

$$Y = A \cdot B \quad \text{(Y는 A 앤드 B)}$$

AND 회로에 대한 논리 기호(회로 기호)를 그림 1의 (a)에, 진리값표를 (b)에 나타냈다. 진리값표에서 입력 A, B가 모두 '1'일 때 출력 Y는 '1'이고, 기타 입력 조합에 대해 출력은 모두 '0'이 된다.

그림 2에는 간단한 스위치를 이용한 AND 회로의 예를 나타낸다. 이 그림에서 입력으로 하는 스위치 A, B는 직렬로 접속되어 있다. 이러한 경우 스위치 A, B가 모두 켜짐, 즉 '1'일 때만 출력 Y인 꼬마전구가 켜지는데 이는 그림 1(b)의 논리와 일치한다.

그림 3은 AND 회로를 CMOS로 구성한 회로의 예인데, 마지막 단의 부정회로 입력을 X, 출력을 Y로 한다. 2입력 A, B가 모두 '1'일 때만 출력 X는 트랜지스터 Q_1과 Q_2를 매개로 GND에 접속되므로 '0', 따라서 X를 입력으로 하는 마지막 단의 출력 Y는 '1'이 된다. 기타 입력 A, B의 조합에 대해서는 트랜지스터 Q_1, Q_2 중 한쪽이 꺼짐, 트랜지스터 Q_4, Q_5 중 한쪽

- '…또한…'을 뜻하는 AND 회로
- AND 회로에서 모든 입력이 '1'일 때만 출력은 '1'

이 켜짐이 되므로 출력 X는 전원에 접속되어 '1', 따라서 Y는 '0'이 된다. 이는 그림 1(b) 진리값표의 논리와 일치한다.

그림 1 2입력 AND 회로

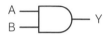

a 논리 기호(회로 기호)

A ⎯⎯⎓⎓⎓⎓⎓⎓⎓ Y
B ⎯⎯

b 진리값표

입력		출력
A	B	Y
0	0	0
0	1	0
1	0	0
1	1	1

그림 2 스위치 회로로 구성한 AND 회로

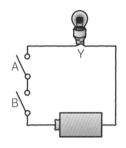

스위치 A, B 중 적어도 한쪽이 꺼져 있으면 (오프) 꼬마전구 Y는 꺼진다(오프). 스위치 A, B가 모두 켜져 있으면(온) 꼬마전구 Y는 켜진다(온).

그림 3 CMOS로 구성한 AND 회로

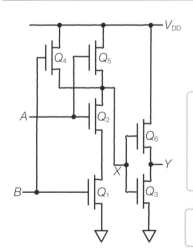

Q_1과 Q_4, Q_2와 Q_5, Q_3와 Q_6가 CMOS를 구성한다. n-채널 MOS 트랜지스터의 Q_1, Q_2, Q_3는 구동 MOS 트랜지스터(드라이버 MOS), p-채널 MOS 트랜지스터의 Q_4, Q_5, Q_6는 부하 MOS 트랜지스터(로드 MOS)로 불린다.

이 회로의 마지막 단은 X를 입력, Y를 출력으로 하는 NOT 회로로 구성됨 사칙연산 중 덧셈을 하는 회로가 **더하기 회로**다. 더하기 회로에는 낮은 자리부터 자리올림을 고려하지 않는 '반더하기 회로'와 고려하여 연산하는 '다더하기 회로'가 있다.

반더하기 회로에서 입력 A와 B, 합 S, 캐리(높은 자리로 자리올림) C라 할 때, 다음과 같은 논리식이 성립한다.

$$S = \overline{A} \cdot B + A \cdot \overline{B}$$
$$C = A \cdot B$$

그림 1의 (a)는 반더하기 회로의 진리값표다. 이 표에서 합 S는 입력 A, B 논리값이 같을 때 0, 다를 때 1, 캐리 C는 A, B가 모두 1일 때 1이며 기타일 때는 0이 된다는 사실을 알 수 있다.

그림 1의 (b)는 반더하기 회로의 논리 기호(회로 기호)를, (c)는 NOT, OR, AND로 구성한 회로 예이다.

다더하기 회로에서 입력 A와 B, 낮은 자리부터 자리올림 C, 합 S, 높은 자리로 자리올림 C^{+}라고 할 때, 다음과 같은 논리식이 성립한다.

$$S = \overline{A} \cdot \overline{B} \cdot C + \overline{A} \cdot B \cdot \overline{C} + A \cdot \overline{B} \cdot \overline{C} + A \cdot B \cdot C$$
$$C^{+} = A \cdot B + B \cdot C + C \cdot A$$

그림 2의 (a)는 다더하기 회로의 진리값표를 나타낸다. 이 표에서 합 S는 입력 A, B, C 가운데 홀수 개(1개나 3개)가 1일 때 1, 짝수 개(0개나 2개)일 때 0이 된다는 사실을 알 수 있다. C^{+}는 A, B, C 가운데 2개 이상이 1일

요점
Check!

• 낮은 자리부터 자리올림을 고려하지 않고 덧셈을 하는 것이 반더하기 회로, 고려하는 것이 다더하기 회로다.

때 1이 된다.

그림 2의 (b)는 논리 기호(회로 기호)를, (c)는 OR 게이트로 구성한 회로 예이다.

그림 1 반더하기 회로

ⓐ 진리값표

입력		출력	
A	B	S	C
0	0	0	0
0	1	1	0
1	0	1	0
1	1	0	1

ⓑ 논리 기호(회로 기호)

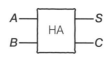

반더하기 회로는 낮은 자리부터
자리올림(캐리)을 고려하지 않음

ⓒ NOT, OR, AND 게이트로 구성한 회로 예

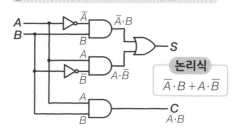

논리식

$$\overline{A} \cdot B + A \cdot \overline{B}$$

그림 2 다더하기 회로

ⓐ 진리값표

입력		캐리	출력	
A	B	C	S	C^+
0	0	0	0	0
0	0	1	1	0
0	1	0	1	0
0	1	1	0	1
1	0	0	1	0
1	0	1	0	1
1	1	0	0	1
1	1	1	1	1

다더하기 회로는 낮은 자리부터
자리올림(캐리)을 고려함

ⓑ 논리 기호(회로 기호)

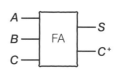

ⓒ OR 게이트로 구성한 회로 예

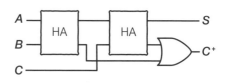

사칙연산 가운데 뺄셈을 하는 것이 **빼기 회로**다. 빼기 회로는 높은 자리부터 자리빌림(borrow)을 고려하지 않고 그 자리에서만 뺄셈을 하는 '반빼기 회로', 그리고 고려하여 연산하는 '다빼기 회로'가 있다.

반빼기 회로에서 입력으로 X와 Y, 차 $D = X - Y$, 빌림 B로 하는 경우 다음과 같은 논리식으로 나타낼 수 있다. 여기서 X는 빼어지는 수(피 감산수), Y는 빼는 수(감산수)라고 부른다.

$$D = X \cdot \overline{Y} + \overline{X} \cdot Y$$

$$B = \overline{X} \cdot Y$$

그림 1의 (a)는 반빼기 회로에 대한 진리값표다. 이 표에서 다음과 같은 논리를 알 수 있다.

$$X > Y일 \ 때 \quad D = 1, B = 0$$

$$X = Y일 \ 때 \quad D = 0, B = 0$$

$$X < Y일 \ 때 \quad D = 1, B = 1$$

이는 논리식과 일치한다는 점을 알 수 있다.

그림 1의 (b)에는 반빼기 회로의 논리 기호를, (c)에는 NOT, OR, AND 게이트를 이용한 회로 예를 나타냈다.

다빼기 회로에서 입력으로 X, Y의 낮은 자리부터 빌림 B, 출력 차 $D = X - Y$와 높은 자리부터 빌림 B^{+}로 하는 경우, 논리식은 다음과 같다.

$$D = X \cdot Y \cdot \overline{B} + X \cdot \overline{Y} \cdot \overline{B} + \overline{X} \cdot Y \cdot \overline{B} + \overline{X} \cdot \overline{Y} \cdot B^{-}$$

• 높은 자리에서 자리빌림을 고려하지 않고 뺄셈하는 것이 반빼기 회로, 고려하는 것이 다빼기 회로

$$B^+ = (X \cdot Y + \overline{X} \cdot \overline{Y}) \cdot B^- + \overline{X} \cdot Y$$

그림 2에 다빼기 회로의 진리값표를 나타낸다. 이 표에서 진리값표가 다빼기 회로에 대한 논리식과 일치한다는 점을 알 수 있다.

그림 1 반빼기 회로

ⓐ 진리값표

입력		출력	
X	Y	D	B
0	0	0	0
0	1	1	1
1	0	1	0
1	1	0	0

ⓑ 논리 기호(회로 기호)

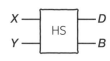

ⓒ NOT, OR, AND 게이트로 구성한 회로 예

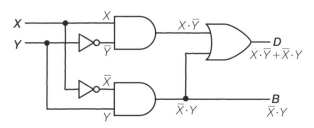

그림 2 다빼기 회로의 진리값표

입력			출력	
X	Y	B^-	D	B^+
0	0	0	0	0
0	0	1	1	1
0	1	0	1	1
0	1	1	0	1
1	0	0	1	0
1	0	1	0	0
1	1	0	0	0
1	1	1	1	1

간단한 논리 연산 중 복수 입력신호의 크기(예를 들어 1 > 0)를 비교 판단하는 연산이 있다. 이와 같은 기능을 가지는 회로를 **비교회로**라 한다. 2단자 입력 A, B와 3단자 출력 X, Y, Z를 가지는 비교회로의 논리식은 다음과 같다.

$$X = A \cdot \overline{B} \qquad Y = A \cdot B + \overline{A} \cdot \overline{B} \qquad Z = \overline{A} \cdot B$$

이 논리식에서 그림 1의 (a)에 나타낸 진리값표를 얻을 수 있다. 이 표에서도 3단자 출력 X, Y, Z 중 어느 곳에 '1'(그때 다른 단자 출력은 0이 된다)이 있는가에 따라 입력 A, B의 대소를 다음과 같이 알 수 있다.

$$A > B일 \ 때 \quad X = 1$$
$$A = B일 \ 때 \quad Y = 1$$
$$A < B일 \ 때 \quad Z = 1$$

그림 1의 (b)는 비교회로의 논리 기호(회로 기호)를, (c)에는 NOT, OR, AND 게이트로 구성한 회로 예를 나타낸다.

이와 같이 비교회로 설명에서 **일치회로**, 즉 2단자 입력신호의 일치를 판단하는 회로를 쉽게 얻을 수 있다. 입력 A, B에 대해 비교회로의 출력 Y를 유일한 출력으로 하는 회로를 따로 구성하면 그것이 일치회로가 된다.

그러면 일치회로에 대한 논리식은 다음과 같게 되며,

$$Y = A \cdot B + \overline{A} \cdot \overline{B}$$

진리값표는 그림 2의 (a), 논리 기호(회로 기호)와 NOT, OR, AND 게이

요점
Check!

- 입력신호의 대소 관계를 판단하여 출력하는 비교회로
- 입력신호가 같은지 다른지 판단하여 출력하는 일치회로

트로 구성한 회로는 각각 그림 2의 (b)와 (c)와 같게 됨을 알 수 있다.

특수 연산 기호($\oplus$)를 이용하여 다음과 같이 표현할 수 있다.

$$A \cdot B + \overline{A} \cdot \overline{B} = \overline{A \oplus B}$$

그림 1 비교회로

ⓐ 진리값표

입력		출력		
A	B	X	Y	Z
0	0	0	1	0
0	1	0	0	1
1	0	1	0	0
1	1	0	1	0

ⓒ NOT, OR, AND 게이트로 구성한 회로 예

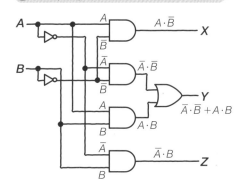

ⓑ 논리 기호(회로 기호)

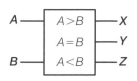

그림 2 일치회로

ⓐ 진리값표

입력		출력
A	B	Y
0	0	1
0	1	0
1	0	0
1	1	1

ⓒ NOT, OR, AND 게이트로 구성한 회로 예

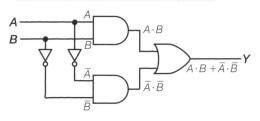

ⓑ 논리 기호(회로 기호)

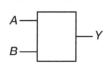

컴퓨터의 두뇌 IC
MPU

컴퓨터 내부에서 연산 처리나 데이터 처리를 하는 심장부는 중앙연산처리장치(CPU)라 부르는데, 이 CPU의 기능을 1개의 칩으로 실현한 LSI가 MPU 또는 마이크로프로세서다. MPU는 아키텍처라 부르는 기본 설계사양의 차이에 따라 크게 CISC와 RISC라는 타입으로 분류된다.

CISC형은 최초의 MPU에 채택되었는데, 고급 언어로 쓰인 하나의 스테이트먼트를 1명령으로서 처리하기 위한 복잡한 하드웨어 구성이 필요하다. 한편 RISC형은 1기계 사이클로 실행할 수 있는 소수의 단순한 명령 세트를 구성하고 간단한 하드웨어를 고속으로 동작시켜 복수의 스텝으로 고급 언어를 처리한다. 이 때문에 CISC형은 하드웨어에 대한 부담이 큰 만큼 소프트웨어에 대한 부담이 적고, 반대로 RISC형은 소프트웨어에 대한 부담이 큰 만큼 하드웨어에 대한 부담이 적다는 특징이 있다.

현재 퍼스널 컴퓨터용으로는 CISC형이 주류인데, RISC형도 서버, 워크스테이션, 게임기 등에 점점 널리 이용되고 있다. 또 MPU는 처리 능력(처리 데이터의 폭)에 따라 4비트, 8비트, 16비트, 32비트, 64비트, 128비트로 고성능화되고 있다. 가전용 4비트에서 시작되어 컴퓨터, 서버, 게임기 등에서 32비트부터 128비트의 고급품이 이용되고 있다.

최근에는 소비전력을 줄이면서 계속적으로 고속화를 추구하고 있어 멀티칩으로도 만들어지기 시작되었다.

그림 1은 대표적인 MPU의 발전 추이를, 표 1은 CISC형과 RISC형의 주

• MPU의 아키텍처는 CISC형과 RISC형으로 나뉨
• MPU의 성능을 나타내는 비트수는 처리 데이터 폭에 해당

요한 특징을 비교하여 나타낸다. MPU는 휴대폰, 디지털 TV, DVD 레코더, 디지털 카메라, 프린터 등 다양한 전자 기기에 탑재되고 있다.

그림 1 대표적인 MPU의 발전 추이

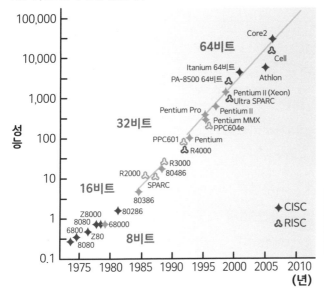

MIPS(1초간의 명령 실행 수)

MPU는 CISC형에서 시작되었지만 1980년대부터 RISC형도 등장하기 시작했다.

표 1 CISC형과 RISC형의 특징 비교

MPU	CISC 복합 명령 세트 컴퓨터	RISC 축소 명령 세트 컴퓨터
특징	기능 중시 다기능의 다양한 명령 세트 명령길이 가변 개발이 어렵고 긴 개발기간 필요 개인용 컴퓨터의 규격형 MPU의 주류	고속성 중시 기본적 소수의 명령 세트 명령길이는 고정 개발하기 쉽고 짧은 개발기간 워크스테이션이나 게임기
제품 예	Pentium 시리즈 Celtron, Core 2	PowerPC, SPARC, PA-RISC

용어 해설

CPU ⋯ Central Processing Unit
MPU ⋯ Micro Processing Unit
(초소형 연산처리 장치)

CISC ⋯ Complex Instruction Set Computer
(복합 명령 세트 컴퓨터)
RISC ⋯ Reduced Instruction Set Computer
(축소 명령 세트 컴퓨터)

035 마이콤 기능 IC
MCU

MCU(초소형 제어 장치)는 1개의 LSI 칩 위에 CPU나 각종 메모리, 주변 기기를 제어하는 I/O 포트 등 마이콤 동작에 필요한 기능회로를 장착한 반도체 장치다. 따라서 MCU는 단일 칩 마이콤 또는 SC라고 부르기도 한다.

프로그램이나 데이터를 저장하는 메모리에는 용도에 맞게 커스터마이즈된 정보가 들어간다. MCU에 사용되는 CPU는 (034)에서 서술한 MPU에 비해 기능이나 성능은 떨어지지만, 칩에 각종 기능을 넣었기 때문에 콤팩트한 시스템으로 뭉쳐져 있다. MCU는 이와 같은 특징을 활용하여 비교적 소규모 전자 기기의 두뇌부로서 이용되는데, 그 밖에도 MPU를 탑재한 고기능이면서 고성능인 전자 기기의 각종 제어를 담당하는 LSI로도 이용된다. MCU도 4비트, 8비트, 16비트, 32비트, 64비트로 구별하며 비트수가 높을수록 일괄적으로 다루는 데이터의 폭이 넓어 그만큼 고기능이 된다.

MCU의 소프트웨어 개발을 위한 언어로는 보통 4비트에는 어셈블러가 이용되는데, 8비트 이상에서는 개발 효율 면에서 컴파일러가 이용되고 있다.

그림 1에 8비트 MCU 칩의 기능 구성 중 한 예를 나타낸다. 여기서 CPU 외에도 메모리로 RAM과 ROM, 아날로그 및 디지털 변환기(A/D, D/A), 타이머(TM, WD, WT), 연속 인터페이스(S), 명령의 실행 순서를 일시적으로 강제 변경하는 끼어들기(INT), 곱하기 나누기(MULDIV) 등의 회로블록이 포함되어 있다. 표 1은 MCU의 비트수와 응용 분야별 예를 나타낸다. 이 표에서도 알 수 있듯이 비트수가 늘어날수록 더 복잡하고 고급 기능을 실현할 수 있다.

- MCU는 콤팩트한 하나의 칩 컴퓨터
- MCU의 성능을 나타내는 비트 수는 4~64비트

그림 1 8비트 MCU의 칩 구성 예

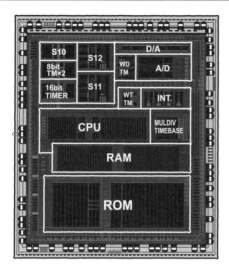

TM: 타이머
S: 연속 인터페이스
D/A: 디지털 아날로그 변환기
A/D: 아날로그 디지털 변환기
WD: 워치독
WT: 워치타임
INT: 끼어들기
MULDIV: 곱하기 나누기
RAM: 랜덤 액세스 메모리
ROM: 리드 온리 메모리

표 1 MCU의 비트수와 응용 분야 예

비트수	민생·가전	산업	자전거	오락
4	리모컨, 전자레인지	–	–	만보계
8	오디오, TV, 카메라	마우스, POS 단말	에어백, 도어 제어	게임패드
16	MD, 에어컨	자동판매기, 인버터 제어	파워 스티어링, 자동차 에어컨	–
32	휴대폰, DVD 레코더, 디지털 카메라, IC 카드	프린터, 승강기 제어, 자동 발매기	엔진 제어 ABS	–
64	고성능 디지털 가전, 자동차 제어용, …			

용어 해설

MCU ⋯▸ Micro Controller Unit
I/O 포트 ⋯▸ Input-Output Port(입출력 데이터의 출입구)   **SC** ⋯▸ Single Chip
어셈블러(assembler) ⋯▸ 소스 프로그램을 일일이 기계어로 변환하는 컴퓨터 프로그램
컴파일러(compiler) ⋯▸ 고급 언어로 기술된 소스 프로그램을 어셈블리 언어나 기계어로
한 번에 번역하는 컴퓨터 프로그램
기계어 ⋯▸ 컴퓨터가 직접 읽을 수 있는 언어이며 2진수로 표현되는 숫자의 나열
고급 언어 ⋯▸ 사람의 언어에 가까운 프로그래밍 언어로 영어 단어 바탕으로 명령이 만들어짐

DSP(디지털 신호처리 장치)는 아날로그 신호인 음성, 사진, 측정값 등에서 변환된 디지털 신호를 처리하는 전용 프로세서(컴퓨터)이다. 그림 1에 간단한 디지털 신호처리 장치의 시스템 모델을 나타냈다. 근래 들어 음성신호나 동영상을 포함하는 사진신호를 실시간으로 고속 처리할 필요성이 높아지면서 디지털 신호처리가 꼭 필요하게 되었다.

DSP는 규격형 마이크로프로세서 등과 비교하면 디지털 신호처리에 특화되어 있기 때문에 가격도 싸고 저소비전력으로도 높은 성능을 발휘할 수 있다. DSP가 담당하는 실시간 처리로는 고속 디지털화, 곱하기 더하기, 논리 연산, 특정 신호 필터링, 데이터 압축 신장 등이 포함된다.

DSP에도 규격품, 반주문형품, 특정 용도로 쓰이는 것 등 여러 타입이 있다. 현재 DSP의 최대 용도는 휴대폰이다. 휴대폰의 기능부에는 무선 처리부와 단일 주파수를 다루는 베이스 밴드 처리부가 포함되는데, 베이스 밴드 처리부는 기본적으로 DSP와 MPU로 구성된다. 동시에 음성처리, 에코 소거, 소음처리, 도청 방지 스크램블용으로도 이용된다.

그림 2에 DSP의 기능 블록 구성 예를 소개한다. 이 그림에서 알 수 있듯이 신호처리에서 반복 사용되는 고속 MAC(곱하기 더하기 연산기), ALU(수치 논리 연산기), 프로그램용과 데이터용으로 나뉜 메모리 등이 포함된다.

DSP는 휴대폰 이외에도 오디오 기기의 고품질 신호재생, 자동차의 액티브 서스펜션, 퍼스널 컴퓨터, 모뎀, 디지털 카메라, 하드디스크, DVD 레코더, 프린터, CD나 MD 플레이어, 노래방 기기 등 다양한 분야에서 이용

요점
Check!

• DSP는 디지털 신호처리에 특화된 프로세서
• 휴대폰을 비롯하여 점점 넓은 용도로 쓰이고 있는 DSP

된다. DSP는 DRAM을 내장하기 때문에 대부분의 응용에 외부 메모리는 불필요하다.

그림 1 | 간단한 디지털 신호처리의 시스템 모델

| 아날로그 신호 | → | 아날로그→디지털 변환기 | → | 디지털 신호처리 | → | 디지털→아날로그 변환기 | → | 아날로그 신호 |

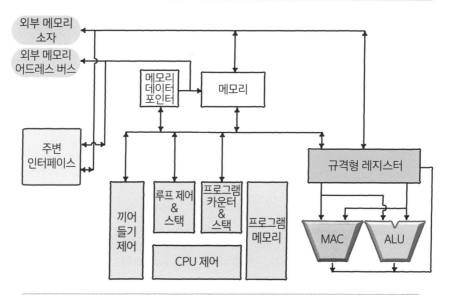

그림 2 | DSP의 기능 블록 구성 예

MAC(곱하기 더하기 유닛)은 곱셈한 것의 총합을 취하는 연산(곱하기 더하기)을 실행하는 유닛, ALU(수치 논리 유닛)는 사칙 연산이나 논리 연산을 실행하는 유닛

버스(bus): 컴퓨터 내부에서 각 회로가 외부와 데이터를 교환하기 위한 공통 배선로
포인터(pointer): 메모리의 어드레스처럼 변수 내용이 들어가 있는 위치 정보를 보존하는 변수
스택(stack): 데이터 구조 중 하나로 최초 입력 데이터가 먼저 출력됨
끼어들기(interrupt): 어떤 처리를 실행하는 중에 다른 지정된 처리를 강제적으로 실행시키는 것

용어 해설	DSP ⋯→ Digital Signal Processor	베이스 밴드(base band) ⋯→ 전선 등 물리적
	MAC ⋯→ Multiplier and Accumulator	매체를 통한 주파수 변조 신호 전송
	ALU ⋯→ Arithmetic Logical Unit	

ASIC은 특정 용도를 위한 IC로 MPU나 메모리 등 규격형 IC와 달리 전용 IC를 뜻한다. ASIC에도 몇 가지 타입이 있는데, 그림 1에 분류 예를 소개했다. 그림으로 알 수 있듯이 ASIC은 특정 주문형(USIC)과 특정 용도용(ASSP)으로 크게 나뉘고, 나아가 USIC은 반주문형 IC와 완전주문형 IC로 나뉜다. 여기서는 반주문형 IC에 대해 구체적으로 설명한다.

GA(게이트 어레이): GA는 그림 2에 나타냈듯이 IC 칩 위에 게이트 회로의 기초 구성단위(셀)를 매트릭스 상태로 배열(어레이)해 두고, 사용자의 요구에 따라 이들 셀을 내부 금속 배선으로 접속하여 필요한 기능을 실현한다. IC 메이커는 금속 배선 전 공정(기초 공정)에 들어가는 공통 패턴(마스터 슬라이스)을 만들어 넣은 웨이퍼를 준비해 두고, 사용자의 요구 사양을 받아 배선 공정(후속 공정)을 하여 웨이퍼를 완성한다. GA는 개발기간이 짧고 회로 변경이 쉬우며 저비용이라 다품종 소량생산에 적합하다.

SCA(스탠더드 셀 어레이): CB-IC(셀 베이스 IC)라고도 불린다. SCA는 그림 3에 나타내듯이 사용자의 요구에 맞추어 처음부터 기초 셀, 기능 블록, 거시 셀 등을 배치하고 배선하여 만든다. SCA는 GA와 비교하여 개발기간이 길고 회로 변경이 어렵다는 단점이 있지만, 칩의 면적 축소, 성능 향상, 생산성 측면에서 비용이 내려간다는 이점이 있다.

ECA(임베디드 셀 어레이): ECA는 GA의 개발기간 장점과 SCA의 고집적성을 고루 갖췄다. 사용하는 게이트 회로와 메가 셀(SRAM 등의 고기능 셀)을 정하고, 기본 셀과 메가 셀을 필요한 만큼 빈틈없이 장착한 상태에서 기본

요점 Check!
• ASIC은 특정 용도용 전용 IC
• ASIC은 특정 주문형과 특정 용도용으로 크게 나뉨

웨이퍼를 만들기 시작하고, 병행하여 논리 시뮬레이션으로 설계를 하며
후속 공정을 거쳐 웨이퍼를 완성한다.

그림 1 ASIC의 분류 예

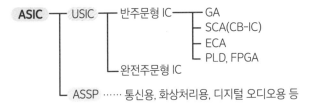

그림 2 GA(게이트 어레이)의 구성법

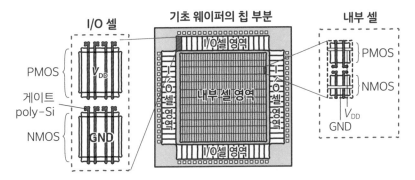

그림 3 SCA(스탠더드 셀 어레이)의 예

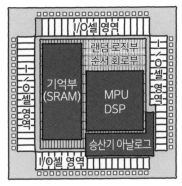

용어해설

ASIC ⋯⋯▶ Application Specific
Integrated Circuits
USIC ⋯⋯▶ User Specific IC
ASSP ⋯⋯▶ Application Specific
Standard Products

GA ⋯⋯▶ Gate Array
SCA ⋯⋯▶ Standard Cell Array
ECA ⋯⋯▶ Embedded Cell Array
매크로 셀(macro-cell) ⋯⋯▶ 복수의 기
본 회로 셀을 조합한 규모가 큰 셀

지금까지 소개한 GA, SCA, ECA와 같은 ASIC 소자는 설계효율의 향상이나 제조기간의 단축 등으로 비용을 절감한다. 그러나 마스크 개발비나 제조비는 꼭 필요하기 때문에 수량이 적은 제품에서는 비용 (측)면에서 문제가 있다. 이에 대한 대응 방법으로 사용자가 프로그래밍할 수 있는 **PLD**(프로그램 가능 로직)가 있다.

PLD는 사용자가 구입한 후에 비교적 저렴한 CAD 장치를 이용하여 외부에서 전기신호를 사용하여 프로그래밍할 수 있는 전용 기능을 가지는 로직 LSI로 만들 수 있다. PLD 자체는 저렴하지 않지만, 마스크 설계비가 필요 없고 개발 공기가 짧기 때문에 시작품, 소량 제품, 소프트웨어의 에뮬레이션용 등에 이용된다. 특히 고속 인터페이스를 이용하는 첨단 통신 기기 등의 분야에서는 시스템 수량이 적기 때문에 PLD가 이용되고 있다.

PLD의 칩 구성 예를 그림 1에 나타냈다. 이 그림에서는 프로그램 가능한 로직 게이트 부분과 CPU, SRAM, PLL, 인터페이스(IF) 등의 거시 셀로 구성되어 있다. PLD에도 다양한 타입이 있는데, 대표적인 것으로 FPGA가 있다. FPGA는 논리회로의 규모 등에 따라 구성법에 차이가 있는데, 그림 2의 (a)에 나타낸 PLA(프로그래머블 로직 어레이)라 불리는 방식은 배선의 교점을 메모리로 프로그래밍하여 논리회로를 구성하는 방법이다. 그림의 메모리 부분에는 SRAM이나 플래시 메모리 등이 이용된다. 규모가 큰 FPGA에서는 그림 2의 (b)에 나타낸 CLB 방식, 즉 진리값표를 기

• 사용자가 구입한 후에 프로그래밍하는 로직 PLD
• PLD의 일반적인 타입은 FPGA

억하는 SRAM과 플립플롭(FF)으로 구성된 **CLB**를 매트릭스 상태로 배치하고, 필요한 논리의 입출력 관계를 기억시켜 논리회로를 구성한다.

그림 1 PLD의 칩 구성 예

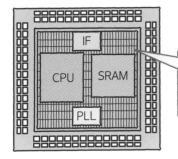

논리회로부는 프로그래밍 가능
PLL (Phase Locked Loop: 위상 동기 회로)
주기적인 입력신호를 바탕으로 피드백 제어하여 다른 발진기로 동기 위상신호를 출력하는 회로

IF: 인터페이스

그림 2 FPGA의 구성 예

ⓐ **PLA 방식**

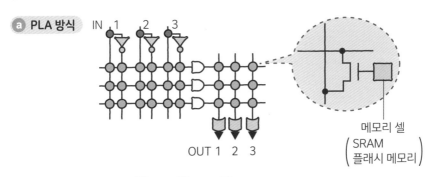

메모리 셀
$\left(\begin{array}{c}\text{SRAM}\\ \text{플래시 메모리}\end{array}\right)$

OUT 1 2 3

ⓑ **CLB 방식**

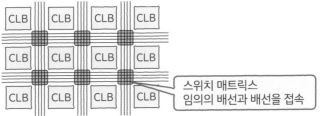

스위치 매트릭스
임의의 배선과 배선을 접속

 용어해설

PLD ⋯ Programmable Logic Device
CLB ⋯ Configurable Logic Block
FPGA ⋯ Field Programmable Gate Array
에뮬레이션(emulation) ⋯ 어떤 소프트웨어를 다른 용도의 하드웨어에서 실행시키는 것

시스템 IC는 마이크로프로세서나 DSP, 각종 로직회로, 메모리, 인터페이스 회로, 디지털 아날로그 변환회로 등 다양한 기능을 동일한 칩에 장착하여 시스템 기능을 실현하는 것이다.

그림 1에 시스템 IC의 예를 나타냈다. 전에는 각종 회로 기능을 개별 LSI로서 제작하고 그것을 프린트 기판에 조합하여 일정 시스템 기능을 실현하는데, 반도체 설계와 제조에서 모두 기술 발전이 이루어져 시스템 IC가 가능해졌다.

이를 이용하면 전자 기기에 요구되는 많은 기능을 실현할 수 있기 때문에 시스템 IC는 SOC(System On Chip)라 불리기도 한다. 원래 시스템 IC는 특정 용도로 쓰이도록 개발되어, 표준 시스템을 위해 대량으로 만들어지는 규격품의 색채가 강한 제품에서부터 높은 부가가치의 다품종 소량생산 기기 제품까지 있다.

시스템 IC는 저소비전력으로 고속 데이터 전송, 피 장착되는 기기의 경박단소화, 기기 비용의 절감 등 장점이 있다. 그러나 거대한 회로 규모를 가진 LSI를 설계하여 동작이나 성능을 검증하려면 어마어마한 공정과 첨단 CAD(컴퓨터 지원 설계) 툴, 나아가 고도의 설계기술이 요구된다. 따라서 시스템 IC는 동작 확인을 마친 다양한 **회로 기능 블록**을 준비해 두고 필요한 경우 그것들을 조합하여 회로 전체를 설계한다. 이 회로 기능 블록은 IP(설계 자산)라 불리며, 이것 자체가 그림 2에 나타내듯이 하나의 시장을 형성하고 있다.

요점 Check!
• 1개의 칩에 시스템 기능을 탑재한 시스템 IC
• 설계 자산의 IP(지적 재산)가 시장을 형성

시스템 IC를 개발하는 반도체 메이커는 자사의 IP뿐만 아니라 경쟁사나 사용자, IP 프로바이더 등이 보유하는 특정 IP를 조합하여 설계함으로써 더 빠르고 성능이 높은 시스템 IC를 제작할 수 있다.

그림 1 인터넷 기기용 시스템 IC의 예

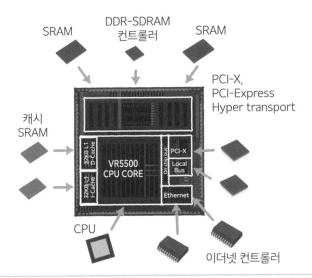

DDR: Double Data Rate(더블 데이터 레이트). 동기 타이밍을 강화하여 전송 레이트를 종래의 2배로 개량한 DRAM의 규격
SDRAM: Synchronous Dynamic Random Access Memory. 메모리 제품 규격 중 하나. 외부 버스 인터페이스가 일정 주파수의 클럭 신호에 동기하여 동작하는 DRAM
PCI: Peripheral Component Interface. 컴퓨터 내부에 각 파트를 접속하는 버스의 규격

그림 2 시스템 IC의 IP 시장

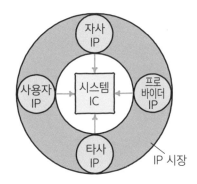

타사: 자사의 경쟁사
사용자: 시스템 IC를 사용하여 전자기기를 만드는 회사
프로바이더: 시스템 IC를 제조하지 않고 설계만 하는 회사

CCD(전하 결합소자)는 이미지 센서(고체 촬상소자)로서 디지털 카메라나 팩시밀리, 망원경 등 다양한 분야에서 이용되며 '전자의 눈'이라고도 불린다.

그림 1에 CCD의 단면 구조 모형을 나타냈다. 그림으로 알 수 있듯이 p형 실리콘 기판 표면에 다수의 MOS 커패시터(MOS 다이오드)를 줄지어 배열하여 게이트 전극을 3상의 클럭 신호선(ϕ_1, ϕ_2, ϕ_3)에 순차 접속한 구조를 갖는다.

CCD는 게이트 전극에 플러스의 펄스 전압을 가하면 바로 아래의 기판 표면에 **고갈층**이라 불리는 양공(운반자)이 밀려나 운반자가 고갈되어 존재하지 않는 영역이 형성되는데, 이 고갈층은 전자를 일시적으로 축적하는 기능도 갖고 있어 '퍼텐셜 우물'이라 불린다. 이 현상을 이용하면 매트릭스로 나열한 게이트 전극(전송 게이트)에 순서대로 펄스 전압을 가하여 퍼텐셜 우물을 순차적으로 이동시킬 수 있다. 이때 퍼텐셜 우물에 전자 무리를 넣으면 이것도 같이 이동시킬 수 있게 된다.

그림 2의 (a)에서는 CCD 이미지 센서의 전체 모형도를 나타냈다. 빛을 전기신호로 변환하는 p-n 접합 포토 다이오드로 이루어진 화소(픽셀)와 전자를 전송하는 수직 CCD와 수평 CCD, 전송받은 전기신호를 증폭하는 출력 앰프 등으로 구성된다. 이렇게 화소의 2차원 배열에 대응하는 광신호를 전기신호 정보로 시간 순서대로 꺼낼 수 있다.

화소부의 단면 모형을 그림 2의 (b)에 나타냈다. 반구 모양 마이크로 렌즈를 통해 입사한 빛은 빛의 3원색인 빨강(R), 녹색(G), 파랑(B)의 컬러 필

- CCD는 MOS 다이오드 배열을 통하여 전자를 무리로 전송
- 이미지 센서는 포토 다이오드와 CCD로 구성됨

터를 투과하여 p-n 접합 포토 다이오드로 들어가 전기신호(자유전자의 수)로 변환된다. 따라서 1화소에 3개의 포토 다이오드가 필요하다.

그림 1 CCD의 단면 구조 모형

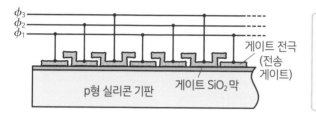

클럭 신호선 ϕ_1, ϕ_2, ϕ_3에 순서대로 플러스의 펄스 전압을 인가하여 p형 실리콘 기판 표면의 고 갈층(퍼텐셜 우물)을 차 례차례 보내 이동시킴

그림 2 CCD 이미지 센서

ⓐ 전체 모형도

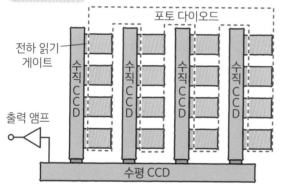

포토 다이오드에서 빛이 전자 무리로 변환된 전기신호는 먼저 수직 CCD로 나오고, 이어서 각 수직 CCD에서 전송된 신호는 수평 CCD로 합류되어 전송된다. 마지막에 수평 CCD를 나온 신호는 출력 앰프에서 증폭되어 출력된다.

ⓑ 화소부의 단면 모형

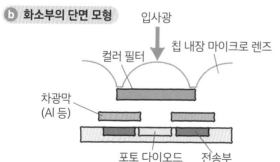

컬러 필터에는 빛의 3원색인 빨강(R)과 초록(G)과 파랑(B)이 있고, 1화소에 대해 3개의 마이크로 렌즈로 구성됨

용어 해설 출력 앰프 ⋯ 신호를 증폭하여 출력

최초의 디지털 계산기

일반적으로 '세계 최초의 디지털 계산기'로 알려진 것은 ENIAC(에니악)이다. ENIAC은 Electronic Numerical Integrator And Computer의 약자로 '전자식 수치적분 계산기'라고 번역된다.

ENIAC은 원래 미국 육군의 대포 탄도 계산 목적으로 개발되었는데, 완성 전에 제2차 세계 대전이 끝나 당초의 목적으로 이용되지 못했다.

ENIAC은 존 에커트(John P. Eckert)와 존 모클리(John W. Mauchly)가 개발하였으며, 1946년에 펜실베이니아대학에서 처음 공개된 후 약 10년 동안 사용되었다. ENIAC은 가로 폭이 2.4m, 세로 폭이 0.9m, 높이가 2.5m, 총중량이 30.1톤으로 내부에는 진공관을 1만 7,468개, 저항기를 7만 개, 콘덴서를 1만 개 사용했고 소비전력은 150kW였다.

ENIAC은 십진법을 이용하여 부호 달린 열 자릿수의 수칙 연산을 하여 1초 동안 덧셈 5,000번과 곱셈 14번을 실행할 수 있었다. 또한 변수 20개와 정수 300개를 기억할 수 있었다. 그러나 프로그램은 내장되지 않고 사람이 외부에서 스위치를 전환하여 연산 조작을 하였다.

세계 최초라는 점에서 다른 주장도 있다. 아타나소프 & 베리 컴퓨터(Atanasoff & Berry Computer)가 최초라는 주장도 있다. 이 컴퓨터는 1937~1942년에 아이오와주립대학의 존 아타나소프(John V. Atanasoff)와 클리포드 베리(Clifford E. Berry)가 개발한 것으로 이진법, 병렬 컴퓨팅, 메모리와 연산 기능의 분리 등 현대 컴퓨터와 비슷한 기능을 갖추고 있었다.

아무튼 이들 초기의 컴퓨터가 현재의 디지털 전자시대를 개척하게 된다.

4장

반도체 집적 회로-메모리

메모리는 정보를 기억하고 필요에 맞추어 꺼낼 수 있는 반도체 기억 장치이다.
전원을 끄면 정보를 잃어버리는 휘발성 메모리와 계속 기억하는 비휘발성 메모리로 크게 나눌 수 있다.

일시적 데이터 기억회로
플립플롭과 레지스터

빠르게 움직이는 시소처럼 안정된 2개의 전기적 상태를 가지는 기억회로 중 하나로 **플립플롭**(flip-flop, 또는 FF)이 있다. 플립플롭에도 여러 종류가 있는데, 여기서는 D형 플립플롭(D-FF)을 소개한다.

그림 1의 (a)는 D-FF의 논리 기호(회로 기호)이고, (b)는 진리값표이다. D-FF는 2단자 입력 D와 CLK, 2단자 출력 Q와 $\bar{Q}$(Q의 반전)로 구성된다. 진리값표에서 알 수 있듯이 D-FF는 펄스 동기신호 CLK이 인가될 때(기동: 0→1)의 입력 D의 논리값을 기억하고, 다음 CLK이 인가될 때까지 이 상태를 유지한다. 다시 말해 다음 CLK이 들어올 때까지 입력 D의 상태와 상관없이 출력 Q($\bar{Q}$)는 그때까지의 상태 Q_0($\bar{Q}_0$)를 유지한다. 따라서 D-FF에 대한 논리식은 다음과 같다.

$$Q = CLK \cdot D + \overline{CLK} \cdot Q_0$$

그림 2는 위에서 말한 D-FF의 동작을 타이밍 표로 나타낸 것이다. 이 그림에서 CLK의 기동 시점을 t_1, t_2, t_3, t_4로 나타내는데, t_1과 t_2 사이 및 t_2와 t_3 사이는 D의 논리값이 바뀌기 때문에 Q는 t_2와 t_3로 바뀐다. t_3와 t_4 사이에서는 D가 바뀌지 않으므로 Q는 t_4로 바뀌지 않는다.

데이터를 일시적으로 기억하는 회로는 **레지스터**라 한다. 그림 3은 D-FF를 n개 이용한 n비트 레지스터의 회로 구성 예를 나타낸다. CLK이 기동할 때 입력 D의 데이터가 FF로 들어가고, 다음 기동할 때까지 데이터를 보존(기억)한다. 이렇게 D_1~D_n에 입력된 n개의 '1', '0' 데이터를 기억하고, 다음 CLK에서 Q_1~Q_n으로부터 꺼낼 수 있다.

요점 Check!
- 시소와 같이 2개의 전기적 상태로 기억하는 플립플롭
- 레지스터는 플립플롭을 이용하여 일시적으로 기억하는 회로

또 D−FF에 *CLR*(클리어 신호)을 입력하면('1'로 하면), 그때까지 어떤 상태였는지 상관없이 각 FF의 내용을 리셋('0'으로) 할 수 있다.

그림 1 | D형 플립플롭

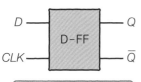

a **논리 기호(회로 기호)**

D-FF: D형 플립플롭
D: 입력   *CLK*: 클럭
Q, $\overline{Q}$: 출력, 반전 출력

b **진리값표**

입력	클럭	출력	
D	*CLK*	*Q*	$\overline{Q}$
0	1(↑)	0	1
1	1(↑)	1	0
X	0	Q_0	$\overline{Q}_0$

입력 *X*: 논리값이 '1', '0'에 따르지 않음
(↑): 신호의 기동 '0'→'1'
Q_0, $\overline{Q}_0$: 그 전의 출력 상태

그림 2 | D-FF의 타이밍 표

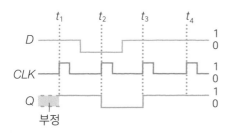

시각 t_2, t_3에서 *CLK*을 기동할 때, 입력 *D*가 앞의 상태와 달라져 있기 때문에 출력 *Q*도 바뀌는데, t_4에서는 *D*가 앞과 같으므로 *Q*도 바뀌지 않음

부정

그림 3 | D-FF를 이용하는 비트 레지스터의 구성 예

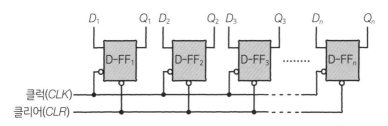

클럭(*CLK*)
클리어(*CLR*)

D-FF₁~D-FFₙ: *n*형의 D형 플립플롭
D_1~D_n: 입력
Q_1~Q_n: 출력

각 플립플롭 FF₁~FFₙ의 입력 D_1~D_n에 들어간 *n*개의 '1', '0' 데이터는 다음 클럭(*CLK*)이 기동할 때 읽음

용어 해설 *CLK* ⋯ Clock(클럭) | *CLR* ⋯ Clear(클리어)

반도체 메모리(이하, 메모리)는 정보를 기억·보존하고 필요할 때 읽어내는 기능을 가지는 집적회로(IC)를 말한다.

그림 1에 메모리의 기초적인 구성법과 구조를 나타냈다. 그림에서 알 수 있듯이 **워드선**이라 불리는 n개의 X어드레스(X_1, X_2, …, X_n)와 **비트선** 또는 **디지트선**이라 불리는 m개의 Y어드레스(Y_1, Y_2, …, Y_m)를 매트릭스 상태로 배열한다. 이 배열의 X어드레스(X_i)와 Y어드레스(Y_j)의 교점 (i, j)에 **메모리셀**이라 불리는 기억의 단위 소자를 배치한다. 이 단위 소자는 보통 명확하게 식별할 수 있는 2개의 전기적 상태를 취하는 것이 가능하다. 그중 한쪽 상태를 '1', 다른 한쪽 상태를 '0'이라 하면 메모리셀 1개에 1비트의 정보를 기억할 수 있게 된다.

메모리셀은 1개의 기억 소자로 이루어지나 복수 개의 소자로 이루어지는 경우도 있다. 메모리셀은 모든 어드레스의 교점 (i, j)에 배치되어 있으므로 $n \times m$개 있고, 따라서 전체적으로는 nm비트의 정보를 기억하게 되는 것이다. nm개의 메모리셀 배열은 **메모리셀 어레이**라고 부른다.

메모리셀의 차이에 따라 여러 종류의 메모리가 있다. 메모리의 기억 특성에는 기억할 수 있는 정보량(기억 용량) 외에 기억하는 스피드(쓰기 속도), 기억하는 시간(보존 시간), 기억을 불러내는 스피드(읽기 속도) 등이 있다.

메모리는 그림 2에 나타내듯이 전원을 끄면 정보를 잃어버리는 휘발성 메모리와 전원을 꺼도 계속 기억하는 비휘발성 메모리로 나뉘고, 나아가

요점 Check!
- X와 Y의 어드레스 교점에 메모리셀을 배치하여 기억하는 반도체 메모리
- 전원을 꺼도 기억하는 비휘발성 메모리와 기억하지 못하는 휘발성 메모리

수시 쓰기/읽기 메모리(RAM)와 읽기 전용 메모리(ROM)로 나뉜다. 이 장에서는 이러한 메모리의 주요 사항에 대하여 소개하고자 한다.

메모리의 기초적인 구성법과 구조

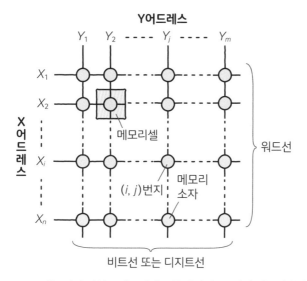

메모리셀(memory cell) : 기억 단위로 메모리의 종류에 따라 1소자인 경우와 복수의 소자로 구성되기도 함

메모리 소자(memory element) : 메모리 소자는 명확히 식별할 수 있는 2개의 전기적 상태를 만들 수 있으며 그 상태를 외부에서 식별할 수 있음

X어드레스(번지) n개와 Y어드레스 m개의 교차점에 배치된 메모리셀 nm개에서 nm비트(2^{nm}개)의 데이터를 기억한다.

그림 2 메모리의 종류

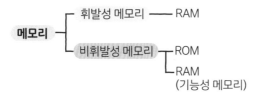

전원을 끄면 정보를 잃는 것이 휘발성 메모리고, 계속 기억하는 것이 비휘발성 메모리. RAM은 수시로 쓰고 읽는 메모리, ROM은 읽기 전용 메모리

용어
해설
RAM ⋯⋯ Random Access Memory(수시로 쓰고 읽는 메모리)
ROM ⋯⋯ Read Only Memory(읽기 전용 메모리)

DRAM(디램)은 '기억 보존 동작이 필요한 수시로 쓰고 읽는 메모리'이고, 컴퓨터의 메인 메모리를 비롯하여 다양한 전자 기기에 널리 사용되는 대표적인 반도체 메모리다.

DRAM은 휘발성 메모리로 전원 스위치를 끄면 기억(정보)을 잃어버리는 단점이 있다. 또한 전원을 켜도 기억 정보로서의 전하가 p-n 접합 누전으로 서서히 없어지므로, 리프레시라 불리는 일정 주기의 전하 보충이 필요하다. 또 손상읽기 동작이므로 읽기 동작 후에 다시 쓰기 동작이 필요하다는 단점도 있다. 그럼에도 DRAM이 대량으로 사용되는 이유는 비교적 간단한 메모리셀 구조를 가지며 고집적화에 따른 대용량화와 이에 따른 비트당 비용의 절감, 쓰기와 읽기 동작이 고속이라는 점이다.

그림 1에 1개의 n-채널 MOS 트랜지스터(선택 트랜지스터)와 1개의 용량(커패시터)으로 구성된 DRAM의 메모리셀을 나타냈다. 이 그림에서도 알 수 있듯이 '1T1C(원티원시)' 형이라고도 불리는 메모리셀은, 선택 트랜지스터의 게이트는 워드선(WL)에, 드레인은 디지트선(DL)에 접속되고, 또 기억 보존용 커패시터의 다른 단자는 전원 전압(V_{DD})의 2분의 1인 플레이트 전압(V_P)에 연결된다.

그림 2(a)에 나타내듯이 WL을 높음(H)으로 하여 선택 트랜지스터를 동작시킨 상태에서 DL을 'H'로 하고 '1' 쓰기(커패시터 충전), DL을 낮음(L)으로 하고 '0' 쓰기(커패시터 방전)를 한다.

또 그림 2(b)에 나타내듯이 WL을 'H'로 하여 선택 트랜지스터를 동작시

요점
Check!

- 가장 일반적인 휘발성 반도체 메모리 DRAM
- DRAM 메모리셀은 1개의 트랜지스터와 1개의 커패시터로 구성

켰을 때, 커패시터에 방전이 일어나는지 충전이 일어나는지에 따라 DL 전압의 흔들림을 증폭시켜 '1'이나 '0'을 각각 검출한다.

DRAM의 메모리셀

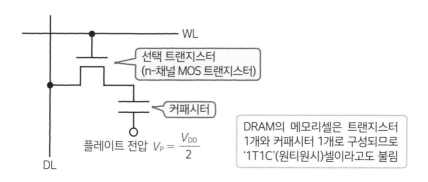

선택 트랜지스터
(n-채널 MOS 트랜지스터)

커패시터

플레이트 전압 $V_P = \dfrac{V_{DD}}{2}$

DRAM의 메모리셀은 트랜지스터 1개와 커패시터 1개로 구성되므로 '1T1C'(원티원시)셀이라고도 불림

WL

DL

DRAM의 쓰기와 읽기

ⓐ 쓰기 동작

쓰기는 워드선(WL)을 높음으로 하고 선택 트랜지스터를 동작시켜 디지트선(DL)을 높음으로 '1'을, 낮음으로 하여 '0'을 쓴다.

'1' 쓰기

DL
[H]
WL
[H]
충전

'0' 쓰기

DL
[H]
[L]
방전

ⓑ 읽기 동작

읽기는 워드선을 높음으로 하고 선택 트랜지스터를 동작시킬 때, 커패시터에서 방전되면서 낮음의 디지트선이 상승하면 '1', 커패시터가 충전되면서 하강하면 '0'으로 식별할 수 있다.

'1' 읽기

DL
[H]
WL
전하
$+\Delta V$

'0' 읽기

DL
[H]
전하
$-\Delta V$

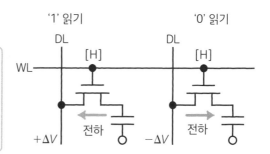

용어 해설

DRAM ⋯ Dynamic Random Access Memory

WL ⋯ Word Line

DL ⋯ Digit Line

(043)에 서술한 DRAM은 기억 보존을 위해 다시 쓰기나 리프레시 동작이 필요한데, SRAM은 이러한 동작들이 불필요하다. S(static: 정적인)란 이 것을 나타내는데, 따라서 SRAM은 '기억 보존 동작이 불필요한 수시 쓰기 읽기 메모리'라고 한다.

SRAM은 메모리셀 (041)에 서술한 플립플롭을 쓰는데, 휘발성 메모리 지만 전원이 켜져 있는 한 데이터를 보존한다.

SRAM에도 다양한 회로 구성법이 있다. 그림 1에 풀 CMOS형이라 불리는 SRAM의 메모리셀 구성을 나타낸다. 풀 CMOS는 메모리셀을 구성하는 모든 소자(트랜지스터)가 n-채널형 아니면 p-채널형의 MOS 트랜지스터라는 사실을 뜻한다.

이 SRAM의 메모리셀에 데이터를 쓰려면 워드선(WL)을 높음(H)으로 하여 전송 게이트를 열고, 이 상태에서 디지트선(DL)을 'H', 옆의 디지트선을 낮음(L)으로 한다. 그러면 플립플롭의 왼쪽에 데이터 '1'이, 오른쪽에 데이터 '0'이 기억된다. 워드선을 'L'로 하면 써진 '1'과 '0'의 데이터는 전원이 켜져 있는 한 플립플롭에 기억된다.

한편 데이터 읽기는 워드선을 'H'로 하여 전송 게이트를 열었을 때 기억하는 상태, 즉 좌우의 '1', '0'의 조합에 따라 디지트선 DL과 DL 사이에 전위차가 생기기 때문에 그 차이를 감지앰프(증폭회로)로 검출한다.

SRAM의 메모리셀은 기본적으로 좌우대칭으로 만들어져 있는데, 실제로는 아주 작은 비대칭성이 있기 때문에 전원을 투입하는 시점에서 일정

요점
Check!

• 플립플롭을 이용하는 고속 메모리 SRAM
• SRAM은 기억 보존 동작이 필요 없는 휘발성 메모리

기억 패턴이 생긴다. SRAM은 고속 동작 특성을 활용하여 컴퓨터 시스템의 캐시 메모리에도 이용된다.

풀 CMOS형 SRAM 메모리셀의 구성과 기초 동작

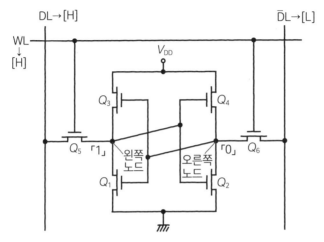

Q_1, Q_2, Q_5, Q_6: n-채널 MOS 트랜지스터
Q_3, Q_4: p-채널 MOS 트랜지스터

Q_1, Q_2, Q_3, Q_4가 이른바 플립플롭을 구성한다.
Q_5, Q_6는 전송 게이트라고도 불리며 게이트는 워드선(WL)에, 드레인은
디지트선(DL과 $\overline{DL}$)에 접속된다.

쓰기

WL을 'H'로 하여 전송 게이트 Q_5와 Q_6를 도통시키고 디지트선(DL)을 'H', 따라서 $\overline{DL}$을 'L'로 한다.
그러면 Q_1은 끔, Q_3는 디지트선 켬, Q_2는 켬, Q_4는 끔이 되기 때문에 왼쪽 노드에는 '1'이, 오른쪽
노드에는 '0'이 써진다. DL을 'L', 따라서 $\overline{DL}$을 'H'로 하면 좌우 노드의 '0', '1'이 서로 바뀐다.

읽기

WL을 'H'로 하여 전송 게이트 Q_5와 Q_6를 작용시켰을 때, DL($\overline{DL}$)이 'H'('L') 또는 'L'('H') 중
하나라는 사실을 감지앰프로 검출하여 기억 데이터를 읽을 수 있다.

기억 보존

WL이 'L'에서는 전송 게이트가 작동될 수 없는 상태이기 때문에 좌우 노드의 '1', '0' 상태는
전원이 켜져 있는 한 보존(기억)된다.

**용어
해설**

SRAM ⋯ Static Random Access Memory
감지앰프 ⋯ 메모리셀에서 오는 신호를 증폭하는 회로

ROM(읽기 전용 메모리)의 기초형은 마스크 ROM, 즉 IC를 제조하는 공정 중에 필요한 데이터(정보)를 기억시켜 메모리로 고정적으로 반복하여 사용되는 정보 기억에 이용된다. ROM은 메모리셀로서 MOS 트랜지스터 1개로 구성할 수 있기 때문에 고집적화가 가능하여 대기억 용량을 저렴한 비용으로 실현할 수 있다.

ROM에서는 워드선(WL)과 비트선(BL)의 교점에 n-채널 MOS 트랜지스터를 배치하는데, 이때 접속법이 두 종류 있다. 그림 1의 (a)와 같이 MOS 트랜지스터를 직렬 접속한 것은 **NAND형**, (b)와 같이 병렬 접속한 것은 **NOR형**이라 한다. 고집적화와 저비용화로는 NAND형이 뛰어나고, 동작 속도나 주변 회로 구성이 간단하다는 점으로 따지면 NOR형이 장점이 있다. ROM에 정보를 기억시키는, 즉 MOS 트랜지스터별로 '1'과 '0'의 패턴을 기억시키는 몇 가지 방법이 있다.

그림 1의 (a)는 각 어드레스의 메모리 트랜지스터(MOS 트랜지스터) 유무에 따른 방식, (b)는 메모리 트랜지스터를 모든 어드레스에 배치하여 비트선에 접속시키는 접속공의 유무에 따라 정해지는 **컨택 쓰기(접촉 쓰기)** 방식이다.

한편 그림 2에 나타낸 것은 **이온 주입 쓰기** 방식으로, 이온 주입으로 MOS 트랜지스터의 문턱값 전압(V_{TH})을 변화시킨다. 일반적으로 MOS 트랜지스터의 채널부에 붕소를 이온 주입하여 V_{TH}(문턱값 전압)를 더 높게 하거나 (NOR 형에 주로 이용), 인을 이온 주입하여 증강형에서 고갈형으로 변경한

요점
Check!

- IC 제조 단계에서 정보를 입력하는 마스크 ROM
- ROM에서 쓰기에 이용되는 것은 콘택트법이나 이온 주입법

다(NAND형에 주로 이용).

NOR형의 읽기는 선택 워드선을 'H'로 했을 때, MOS 트랜지스터가 켬인지 끔인지에 따라 '1', '0'을 식별한다. 한편 NAND형에서는 비선택 워드선을 'H'로, 선택 워드선을 'L'로 했을 때 켬인지 끔인지에 따라 '1', '0'을 식별한다.

그림 1 | 마스크 ROM의 메모리셀 어레이 구성법

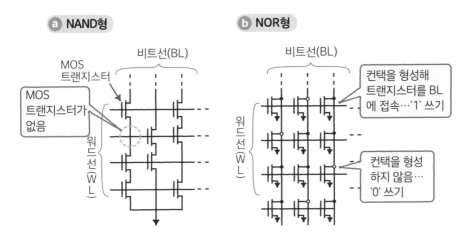

(a)에서는 각 어드레스 교점에 트랜지스터를 배치하는가 하지 않는가에 따라 ROM 코드(기억 내용)를 결정, (b)에서는 트랜지스터를 모든 어드레스 교점에 배치하여, 비트선 접속 유무로 컨택 유무를 정함

 용어 해설 ROM ⋯ Read Only Memory
V_{TH} ⋯ Threshold Voltage(문턱값 전압)

그림 2 | 마스크 ROM에 이온 주입으로 쓰기

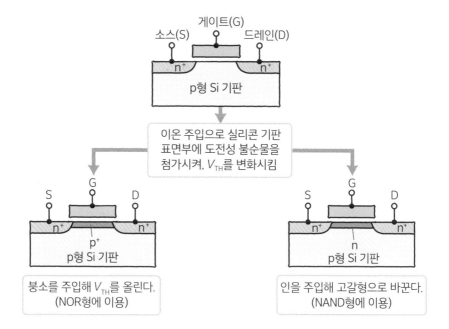

붕소를 주입해 V_{TH}를 올린다.
(NOR형에 이용)

인을 주입해 고갈형으로 바꾼다.
(NAND형에 이용)

전원을 끊어도 기억되는 메모리
플래시 메모리

플래시 메모리는 전원을 끊어도 기억하는, 대표적인 비휘발성 메모리로 대량의 음성이나 화상 데이터의 기억용으로 폭넓게 이용되고 있다.

플래시 메모리의 메모리셀은 그림 1에 나타내듯이 스택 게이트형 MOS 트랜지스터(SG-MOS 트랜지스터)라 불리는 소자 1개로 구성되어 있다. SG-MOS 트랜지스터는 절연막으로 둘러싸여 주변에서 전기적으로 절연된 부유 게이트 전극(FG)과 그 위에 일반적인 게이트 전극에 상당하는 제어 게이트 전극(CG)을 지닌 MOS 트랜지스터 구조를 가진다.

플래시 메모리의 메모리셀 어레이 구성법에 대해서는 (045)에 설명한 마스크 ROM과 마찬가지로 NAND형과 NOR형이 있다. NAND형은 NOR형에 비해 셀 면적이 작아지므로 고집적화와 대기억용량화 및 비트 당 저비용화가 가능하지만, 성능면이나 회로 동작의 기능성은 떨어진다. 대용량의 음성이나 화상의 기억 매체로 NAND형이 주로 이용되고 있다.

그림 1   스택 게이트 형 MOS 트랜지스터의 구조 모형

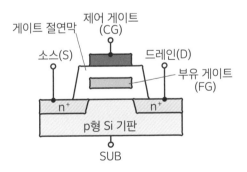

• 플래시 메모리는 비휘발성 메모리의 대표격
• 플래시 메모리는 대량의 음성이나 화상 데이터 기억으로 용도가 확대되는 중

그림 2 | 플래시 메모리의 동작

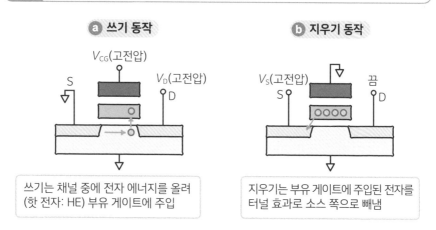

ⓐ 쓰기 동작

쓰기는 채널 중에 전자 에너지를 올려
(핫 전자: HE) 부유 게이트에 주입

ⓑ 지우기 동작

지우기는 부유 게이트에 주입된 전자를
터널 효과로 소스 쪽으로 빼냄

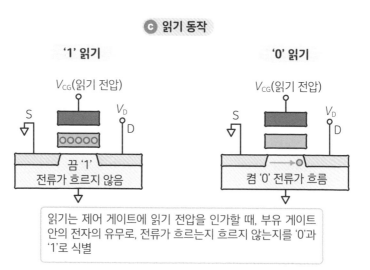

ⓒ 읽기 동작

'1' 읽기

'0' 읽기

읽기는 제어 게이트에 읽기 전압을 인가할 때, 부유 게이트
안의 전자의 유무로, 전류가 흐르는지 흐르지 않는지를 '0'과
'1'로 식별

플래시 메모리의 쓰기 동작은 그림 2의 (a)에 나타내듯이 제어 게이트와
드레인에 높은 전압을 인가하여 채널에 전자가 고속으로 흐르게 하여(핫
전자로 만들어) 부유 게이트에 주입한다. 그러면 제어 게이트에 문턱값 전압

용어
해설

SG-MOS ⋯▸ Stacked Gate MOS   CG ⋯▸ Control Gate
FG ⋯▸ Floating Gate

(V_{TH})이 상승한다. 한편, 지우기 동작은 (b)에 나타내듯이 드레인을 오픈하고(끊고) 제어 게이트를 접지한 상태에서 소스에 고전압을 가하여 부유 게이트에 주입된 전자를 빼낸다(터널링 효과). 그러면 V_{TH}는 원래 값으로 돌아간다. 읽기 동작은 (c)에 나타내듯이 제어 게이트에 읽기 전압을 인가할 때, 메모리 트랜지스터가 켬(소거 상태 '0')인가 끔(쓰기 상태 '1')인가를 검지한다. 부유 게이트에 주입된 전자는 보통 일반적인 상태에서는 반영구적으로 보존된다.

지금까지 설명한 메모리는 모두 **2개 값 메모리**, 즉 기억의 단위로서 메모리셀 1개로 1비트('1' 아니면 '0')의 정보를 기억한다. 여기서 '1'과 '0'은 DRAM에서는 커패시터가 충전된 상태와 방전된 상태, 또한 플래시 메모리에서는 부유 게이트에 전자가 주입된 상태와 전자가 빠진 상태를 나타낸다는 사실을 (043)과 (046)에서 설명하였다.

그러나 생각해 보면 메모리가 반드시 2개 값일 필요는 없다는 사실을 알 수 있다. 예를 들어 플래시 메모리라면 부유 게이트 안의 전자 유무가 아니라 어느 정도의 전자가 있는지를 기억에 이용해도 좋다는 뜻이다. 이처럼 1개의 메모리셀에 '1'과 '0'이라는 2개의 값보다 많은 값을 가질 수 있게 하는 메모리를 **다중값 메모리**라고 한다.

그림1은 2개 값과 4개 값 플래시 메모리의 동작 원리를 나타낸다. 그림에서 알 수 있듯이 부유 게이트(FG) 안의 전자의 수에 따라 '많음', '중간', '적음', '없음', 즉 제어 게이트(CG)에 나타나는 문턱값 전압(V_{TH})이 '높음', '중간', '낮음', '초깃값' 상태에 따라 각각 '11', '10', '00'을 할당시켜, 1개의 메모리셀에 2비트의 정보를 기억시킨다. 따라서 **4개 값 기술**을 이용하면 기초적으로는 동일한 칩 사이즈로 2배의 기억 용량을 실현하는 것이 가능하다.

한편, 다중값 기술이 반드시 4개 값일 필요는 없다. 그러나 다중값으로 할수록 10억 개를 넘는 최근의 대용량 메모리셀에서 쓰기를 할 때 정밀도가 높고 안정적으로 레벨 차이를 둬야 하고, 또한 읽기를 할 때도 이들 작은 레벨 차이를 식별할 수 있어야 한다. 즉 쓰기와 읽기 동작에도 더욱 고

• 메모리셀 1개에서 2비트 이상의 정보를 기억하는 다중값 메모리
• 플래시 메모리에서는 일반적으로 4개 값을 이용

도의 기술이 요구된다는 뜻이다. 이처럼 메모리의 다중값 수를 늘릴수록 설계와 제조 측면에서 모두 어려운 점이 늘어나겠지만 비트당 집적도의 향상과 저비용화가 가능하기 때문에 플래시 메모리에서는 4개 값 기술이 일반적으로 이용된다.

그림 1 플래시 메모리 2개 값과 4개 값의 동작 원리

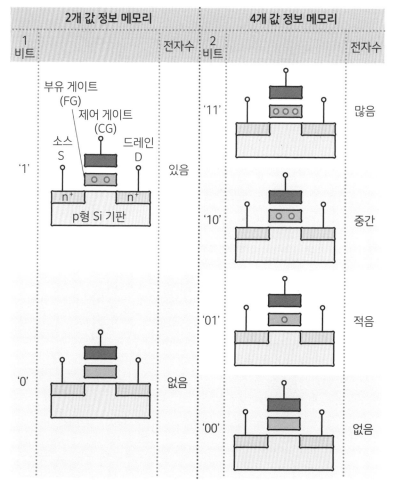

● **주입 전자**

4개 값 플래시 메모리에서는 부유 게이트 안의 전자 수량 상태 '많음', '중간', '적음', '없음'에 각각 '11', '10', '01', '00'을 할당함

미세화의 기본 원리 '스케일링 법칙'

MOS-IC의 구성 요소인 MOS 트랜지스터를 미세화할 때, 기본적 원리로 **스케일링 법칙** 또는 **비례 축소의 법칙**이 있다.

이는 소자를 미세화하여 집적도와 성능 개선을 꾀하는 것인데, 몇 가지 방법이 존재한다. 그중에서도 가장 기본적인 방법은 정전기장 조건, 즉 트랜지스터 각부 치수를 축소할 때 전원 전압도 비례하여 같이 줄여 각부에 가해지는 전기장을 일정하게 유지하면서 실행하는 스케일 다운이다.

표에 MOS 트랜지스터의 정전기장 스케일링 법칙을 나타냈다. 이 표에서 알 수 있듯이 전원 전압을 1/k로 낮추려면 트랜지스터의 게이트 길이 L, 게이트 폭 W, 게이트 절연막 두께 T_{ox}, 확산층(p-n 접합)의 깊이 X_j를 모두 1/k로 하면서 동시에 실리콘 기판의 불순물 농도 N_d를 k배 해야 한다. 이와 같은 스케일링으로 신호의 연장시간이나 소비전력 같은 회로 파라미터를 표에 나타난 것처럼 개선할 수 있다.

표 │ MOS 트랜지스터의 스케일링 법칙(정전기장 조건)

파라미터	스케일링
⟨소자 구조⟩	
게이트 길이(L)	1/k
채널 폭(W)	1/k
게이트 절연막 두께(T_{ox})	1/k
p-n 접합 깊이(X_j)	1/k
실리콘 기판 불순물 농도(N_d)	k
⟨회로 파라미터(트랜지스터 특성)⟩	
전기장(E)	1
전압(V)	1/k
용량(C)	1/k
연장시간($d = VC/I$)	1/k
소비전력($P = IV$)	$1/k^2$

5장

IC 개발과
설계

IC 개발은 CAD를 활용한 시스템 설계, 레이아웃
및 소자 설계로 마스크를 제작한다.
이 마스크를 이용하여 공정설계 순서도를 만들어
시작품(시험제작품) 및 평가를 거쳐 제품화된다.

IC의 제품화에 대한 개발 순서를 시장 조사부터 출하에 이르기까지 그림 1
에 나타냈다. 물론 IC의 종류에 따라 개발 순서에도 몇 가지 종류가 있기
때문에 획일적으로 논할 수는 없지만, 여기서는 가장 대표적인 IC로 디지
털 CMOS-IC를 예로 든다. IC 개발도 일반적으로 시장 조사와 수요 예측
부터 시작한다. 기술 혁신이 빠른 IC는 제품 수명의 주기가 짧아 사용자의
요구에 맞는 제품을 적시에 저렴한 가격으로 제공해야 한다. 그러기 위해
서는 '시장과 수요 조사 및 예측'을 바탕으로 하여, 기술 동향이나 경쟁사
동향 등도 고려하며 '개발계획'을 세워야 한다. 이 개발계획을 기초로 각종
구체적인 설계를 착수한다.

'시스템 설계'에서는 칩 사이즈나 성능, 지표 등을 고려해 하드웨어와 소
프트웨어 측면을 모두 따져 보고 IC의 전체 구성을 설계한다. '기능 설계'에
서는 하드웨어 서술 언어(HDL)를 이용하여 회로 동작이나 기능을 결정한다.
'논리 설계'에서는 HDL 기술을 자동 툴에서 논리 게이트 레벨로 변환한다.

'레이아웃 설계'에서는 회로 블록을 칩에 배치하고 배선한다.

'소자 공정 설계'에서는 설계 기준이나 제조 라인, 나아가 제조 장치 등
을 바탕으로 IC의 3차원 구조와 제조 방법 등을 결정한다.

'마스크 제작'에서는 IC 패턴을 웨이퍼로 옮기기 위한 마스크(레티클)를
제작하고, 그것을 이용하여 '시험 제작'을 한다. 시작품은 엔지니어링 샘플
(ES)로 사용자측에 기능과 성능을 평가받는다. 사내에서도 여러 번 거듭하
여 신뢰성 평가와 ES 평가를 하여 제품화 수준에 도달하게 되면 상업 샘

• IC 개발도 시장과 수요의 조사·예측부터 시작됨
• 사용자의 ES와 CS 평가를 거쳐 제품화됨

플(CS)을 제작하여 사용자의 최종 평가를 받는다.

이러한 단계를 거쳐 통과되는 것만이 제품으로 시장에 출시된다.

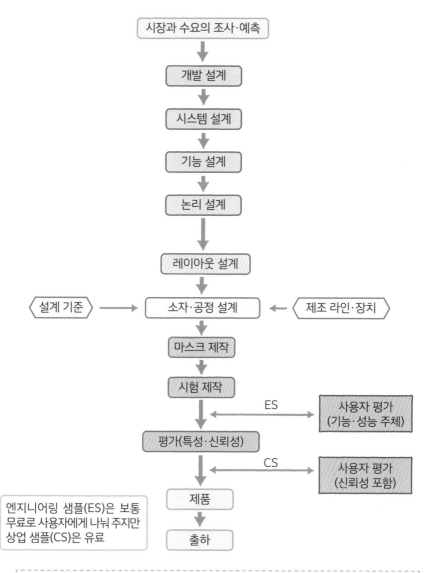

그림 1 디지털 CMOS-IC의 개발 순서 예

시장과 수요의 조사·예측

개발 설계

시스템 설계

기능 설계

논리 설계

레이아웃 설계

〈 설계 기준 〉 → 소자·공정 설계 ← 〈 제조 라인·장치 〉

마스크 제작

시험 제작 — ES → 사용자 평가 (기능·성능 주체)

평가(특성·신뢰성) — CS → 사용자 평가 (신뢰성 포함)

제품

출하

엔지니어링 샘플(ES)은 보통 무료로 사용자에게 나눠 주지만 상업 샘플(CS)은 유료

용어 해설

HDL ⋯▸ Hardware Description Language
ES ⋯▸ Engineering Sample
CS ⋯▸ Commercial Sample

IC 계층 설계
시스템 설계부터 레이아웃까지

최근의 대규모 IC, 즉 LSI 설계는 (048)에 나타내듯이 설계 공정을 전체에서 부분 또는 위에서 아래로 계층화하고 CAD 툴을 이용하여 탑다운으로 설계를 하는 '계층 설계' 방법이 주로 이용되고 있다.

여기서는 그림 1에 나타내듯이 '시스템 설계'부터 '레이아웃 설계'까지 그 과정을 살펴보자.

'**시스템 설계**'에서는 하드웨어와 스프트웨어의 분담을 정하는 아키텍처 설계가 중요하다. 주로 C언어를 사용하는데, 하드·소프트웨어 협조 시뮬레이션에서 동작이나 인터페이스의 정합성을 확인한다.

'**기능 설계**'에서는 Verilog나 VHDL 등의 하드웨어 서술 언어(HDL)로 기능을 기술한다. HDL은 논리 합성 툴이 취급할 수 있는 플립플롭(FF)과 조합회로에서 구성하는 RTL로 기술한다. 또한 작성된 RTL이 기대한 대로 동작하는지 확인하는 기능 검증도 포함된다.

'**논리 설계**'에서는 논리 시뮬레이터를 이용하여, RTL 설계 데이터와 속도·전력·면적 등의 조건으로 게이트 레벨의 회로와 타이밍 표를 작성한다. 또한 작성한 회로가 요구되는 타이밍을 충족하는지 시간 제약 하에 검증한다.

'**레이아웃 설계**'에서는 게이트 레벨의 회로도를 기초로, 기능 블록을 배치하고 상호 배선을 결정한다. 동시에 설계법칙 체크(DRC)로 레이아웃 검증과 신호 전반의 세밀한 패스 검증을 실시하는데, 필요에 따라 위층 설계로 피드백하여 전체적으로 최적화시킨다. 칩 내부뿐만이 아니라 주변부, 즉

요점
Check!

• 대규모 IC(LSI)의 설계는 계층 설계(탑다운 설계) 방식이 이용됨
• CAD를 이용하여 설계 합성하고 또 그것이 목표에 부합하는지 검증

전극 패드, 절단선, 노광용 위치조정 마크, 기초 특성 측정용 체크 패턴 등의 배치도 실시한다.

그림 1   계층 설계의 예

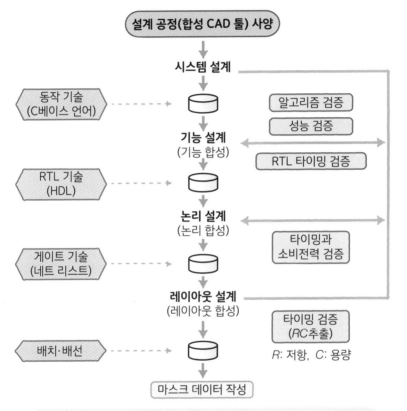

일반적으로 '설계'에는 합성(synthesis)과 검증(verification)이 포함됨

RTL(Register Transfer Level: 레지스터 트랜스퍼 레벨)이란 동기 디지털 회로를 기술하는 수법 중 하나로 회로 동작을 플립플롭 등 레지스터 간 신호의 흐름과 논리 연산 조합으로 구성

네트 리스트(net list)란 신호선이나 단자 간의 연결(네트) 정보에 관한 데이터를 말함

용어
해설

CAD ···▸ Computer Aided Design(컴퓨터 지원 설계)

계층 설계 ···▸ hierarchical design

VHDL ···▸ Very High Speed Integrated Circuits HDL

DRC ···▸ Design Rule Check

IC의 구조를 설계하기 위해서는 소자나 배선 또는 소자 분리 등의 평면적인 치수나 상호 위치 관계, 나아가 그들의 입체적인 구성 관계 등을 규정하는 기초적인 규칙이 필요하다. 그중 평면적인 구조에 관한 규칙은 '설계 기준'이라 한다. p형 실리콘 기판을 이용하는 단일 n형 우물, 알루미늄 1층 배선의 CMOS-IC에 관한 설계 기준의 기술 예를 그림 1에 나타낸다. CMOS-IC에 대한 설계 기준은 각 IC에 대한 것이라기보다 어떤 세대의 IC에 공통으로 적용되는 법칙이라고 볼 수 있다.

설계 기준에서 그 세대의 IC에서 사용할 수 있는 '**최소치수**', 즉 가장 미세한 치수가 규정되어 있다. 이 최소치수는 '특징치수'라고도 불린다. 현시점의 최첨단 CMOS-IC에서 최소치수는 32nm(나노미터)로, 종종 '**32nm 룰**'이라고도 불린다.

동일한 기능을 가진 IC를 설계할 때, 더 미세한 설계 치수를 사용하면 그만큼 IC의 집적도가 올라가고 칩 사이즈가 작아지기 때문에 일반적으로 IC의 제조경비 절감과 성능 향상을 동시에 꾀할 수 있다. 그러나 미세한 치수를 채택하는 IC일수록 제조 측면에서 어려움이 늘어난다. 따라서 안정적으로 생산할 수 있는 IC의 설계 기준은 각 세대의 생산기술 기반의 종합적인 수준에 따라 결정된다. 그 결과 최첨단 설계 기준은 만드는 IC의 종류나 반도체 제조사에 의존한다기보다 오히려 글로벌 베이스 공통의 표준적인 내용이 된다.

요점 Check!
- 설계 기준이란 기본 평면 상태의 설계에 사용할 수 있는 최소치수
- 디지털 CMOS-IC의 설계 최소치수는 3년마다 0.7배로 축소됨

물론 설계 기준에는 소자의 종류에 맞는 고유의 규칙도 필요하다. 따라서 실제 IC의 설계 기준은 표준적인 규칙에 제조 고유의 규칙을 추가하는 것으로 이루어진다.

그림 2는 CMOS-IC에서 최소치수의 추이를 나타낸다.

그림 1 CMOS-IC의 설계 기준 서술 예

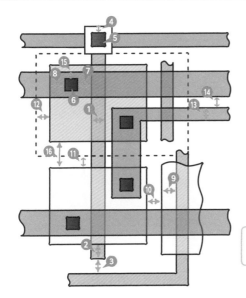

p형 Si 기판, 단일 n형 우물,
Al 1층 배선

❶ MOS 트랜지스터의 게이트 폭
❷ 게이트 poly-Si의 확산층에서 튀어나온 곳
❸ poly-Si의 간격
❹ poly-Si의 콘택트 마진
❺ poly-Si의 콘택트
❻ 확산층 콘택트
❼ 확산층 콘택트와 poly-Si의 마진
❽ 확산층 콘택트와 확산층의 마진

❾ 소스 드레인의 폭
❿ 동일 전도형 확산층의 간격
⓫ n우물과 n형 확산층의 간격
⓬ n우물과 p형 확산층의 간격
⓭ Al 배선의 폭
⓮ Al 배선의 간격
⓯ Al의 콘택트 피복 마진
⓰ 트렌치 폭

용어해설

설계 기준 ⋯▸ design rule(DR, 디자인 룰)
최소치수 ⋯▸ minimum dimension
특징치수 ⋯▸ feature size

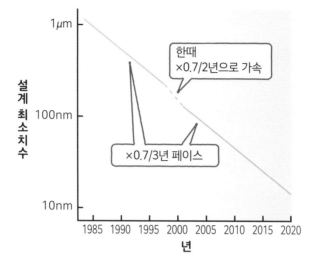

설계 최소치수는 기본적으로 3년마다 0.7배로 축소되어 왔음. 2000년 전후에 2년 동안 0.7배로 가속된 시기가 있었지만, 다시 원래 페이스로 돌아옴

소자 설계는 IC의 3차원 구조와 그 구성 요소인 소자 단위의 전기 특성을 설계하는 것이다. 구성 요소들은 실리콘 기판, 우물층, 능동 소자, 수동 소자, 소자 분리, 배선 등이다. 각부의 최소 패턴 치수는 (050)에 기술한 설계 기준에 근거한다. 그림 1은 CMOS-IC의 소자 단면 구조 예를 나타내는데, 이에 따라 소자 파라미터를 살펴보자.

❶ 실리콘 기판: p형/n형, 저항률, 산소 농도 등
❷ 우물층: p형/n형, 불순물의 프로파일 등

그림 1 | CMOS-IC의 단면 구조 예

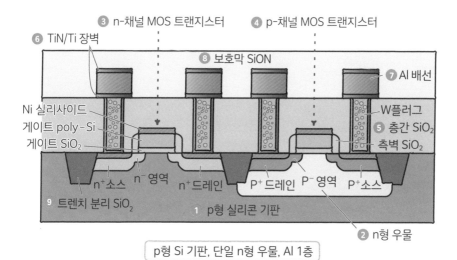

❻ TiN/Ti 장벽
❸ n-채널 MOS 트랜지스터
❹ p-채널 MOS 트랜지스터
❽ 보호막 SiON
❼ Al 배선
Ni 실리사이드
게이트 poly-Si
게이트 SiO_2
W플러그
❺ 층간 SiO_2
측벽 SiO_2
n^+소스 n^-영역 n^+드레인 P^+드레인 P^-영역 P^+소스
❾ 트렌치 분리 SiO_2 ❶ p형 실리콘 기판
❷ n형 우물

p형 Si 기판, 단일 n형 우물, Al 1층

요점
Check!
• 소자 설계는 IC의 3차원 구조 설계
• IC의 전기 특성은 소자와 배선 단위로 설계

❸ n-채널 MOS 트랜지스터: n^- 영역의 프로파일, n^+ 소스/드레인 영역의 프로파일, 게이트 SiO_2막의 두께, 게이트 전극 다결정 실리콘의 두께와 불순물 농도, 게이트 전극과 소스/드레인 위 $NiSi_2$의 두께, 측벽 SiO_2의 두께 등

❹ p-채널 MOS 트랜지스터: p^- 영역의 프로파일, p^+ 소스/드레인 영역의 프로파일, 게이트 SiO_2막의 두께, 측벽 SiO_2의 두께 등

❺ 층 절연막: 종류(SiO_2 등), 막 두께 등

❻ 장벽층: 종류(Ti, TiN 등), 막 두께 등

❼ 배선: 종류(Al 등), 막 두께 등

❽ 보호막: 종류(SiON 등), 막 두께 등

❾ 소자 분리: 깊이, 몰딩 막(SiO_2 등) 등

한편, 전기 특성은 그림 2에 나타내듯이 MOS 트랜지스터의 '$I-V$ 특성'이 기본인데, 이외에도 백 게이트 바이어스 특성, 기생저항이나 기생용량 등이 있다. 또 배선과 관련하여서도 기생저항이나 기생용량이나 금속 배선 원자가 이동하는 일렉트로 마이그레이션에 대한 내성 등도 고려해야 한다.

용어 해설   백 게이트 바이어스 특성 ⋯› 기판(SUB)에 전압을 인가할 때 트랜지스터 특성
기생저항이나 기생용량 ⋯› 의도하지 않은 바람직하지 않은 저항이나 용량

그림 2 | MOS 트랜지스터의 '$I-V$ 특성'

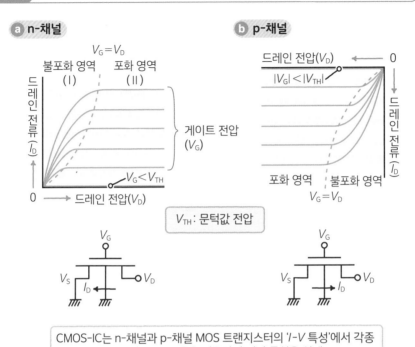

ⓐ n-채널

ⓑ p-채널

V_{TH} : 문턱값 전압

CMOS-IC는 n-채널과 p-채널 MOS 트랜지스터의 '$I-V$ 특성'에서 각종 파라미터를 추출하고 CAD 툴을 이용하여 전기 특성을 설계

IC를 어떻게 어떤 방법으로 제조할까를 설계하는 것이 '공정 설계'이다. IC의 제조는 몇백 단계나 되는 공정으로 이루어지는데, 그림 1에 나타내듯이 공정 설계는 각 공정들을 설계하는 '개별 공정 설계'와 그것을 어떤 식으로 조합하고 어떤 순서로 실행할지를 정하는 '공정 순서 설계'로 나눈다.

개별 공정 설계: 최근의 IC(ULSI)는 300단계 이상 되는 공정으로 제조된다. 그러나 그 공정들은 모두 다른 것이 아니라 유사한 공정으로 분류된다. 예컨대 박막, 리소그래피, 식각, 불순물 첨가, 세정 등의 공정이다. 개별 공정 설계는 이러한 각 공정에 관한 설계를 뜻한다.

개별 공정 설계는 먼저 사용할 제조 장치를 정할 필요가 있다. 반도체 제조사는 제조 장치를 장치 제조사에서 구입하는데, 평소부터 실험 데이터 수집에 따른 장치 평가와 그 결과의 피드백에 따른 개선과 개량을 통하여 긴밀히 협력한다. 또한 동일 공정 장치라도 보통 복수의 제조사가 있으므로 반도체 제조사는 폭넓은 조사와 연락으로 최적이라고 생각되는 장치를 선정 구입한다. 제조 장치가 결정되면 그 장치로 공정 조건을 실험, 평가하여 결정한다. 개별 공정 설계는 그림 2에 나타내듯이 제조 장치뿐만 아니라 '웨이퍼', '재료', '부품'에 대하여 모두 같은 논리가 적용된다.

공정 순서 설계: IC의 제조 공정은 개별 공정을 다양하게 조합하거나 이어서 구성한다. 공정 순서 설계는 각 공정을 어떤 순서로 실시할지 결정한다. 이때 불량품 제조비율, 제조기간, 제조비용, 신뢰성 등을 종합적으로

요점 Check!
- 공정 설계는 개별 공정과 공정 순서 설계로 구성
- 장치 및 재료, 부품, 웨이퍼 제조사 간 긴밀한 협력 필요

검토해야 한다. 또한 어떤 공정에서 어떤 장치와 기기를 사용하고, 어떤 항목에 대하여 어느 정도의 점검과 감시를 해야 할지 검토해서 결정해야 한다.

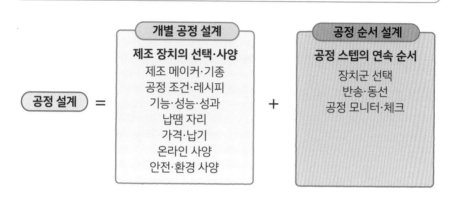

그림 1 공정 설계란

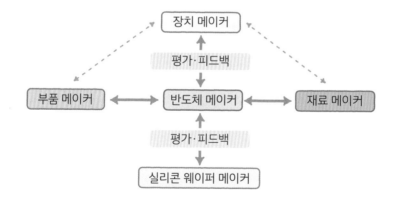

그림 2 반도체 제조사와 관련 제조사의 관계

용어 해설 ULSI ···▶ Ultra Large Scale Integration

반도체 칩 제조 산업의 분화

현재 반도체 산업에는 다양한 업종과 업태가 존재하는데, 그들에 대해 간단히 알아보자. **'수직 통합형'**(IDM: Integrated Device Manufacturer)은 반도체 설계부터 생산까지 모두 통틀어 자사 내에서 할 수 있는 기업으로 현재 삼성이나 SK하이닉스 같은 반도체 기업이나 미국의 인텔, 일본의 대기업, 유럽의 ST 마이크로일렉트로닉스 등이 이에 속한다. 전체 균형을 잡기 쉽다는 장점이 있는 한편 재원이 분산된다는 위험성이 있다.

'파운드리'(foundry)는 자사에서 반도체 설계를 하지 않고 제조만 하는 기업으로 대만의 TSMC나 UMC, 중국의 SMIC가 이에 속한다. 파운드리는 종래의 IDM과 달리 수평 분업형 업종이라 할 수 있다. 제조에 재원을 집중함으로써 제조 장치와 설비, 라인을 효율적으로 운영하고 생산기술 향상에 전념할 수 있다는 장점이 있다.

'팹라이트'(FabLite)는 제조 장치를 자사 내에 보유·유지하면서 일부 제품의 제조를 외부에 위탁하는 기업으로 일본의 후지쓰 마이크로일렉트로닉스, 소니, 미국의 TI 등이 이에 속한다. IDM과 비슷한 특성이 있으면서도 제조에 대한 부담을 줄일 수 있다는 장점이 있다. 위에 언급한 기업 이외에도 종래의 IDM 기업은 팹라이트화되는 경향이 있다.

'팹리스'(FabLess)는 자사 내에서 설계만을 하고 파운드리 외부 기업에 100% 생산 위탁하는 기업으로 미국의 QUALCOMM, AMD, Broadcom, NVIDIA, 대만의 MediaTek 등 다수의 기업이 포함된다. 제조 설비의 자산이나 인원을 보유할 필요가 없으며 설계에 자원을 집중할 수 있어 소규모 기업에서도 적시에 제품 개발이 가능하다는 장점이 있다.

6장

실리콘 웨이퍼 만드는 법

실리콘 웨이퍼는 단결정 실리콘 원형 기판으로 그 위에 IC가 설치된다.
규석에서 환원, 정제, 단결정 성장, 웨이퍼 가공을 거쳐 제작되는 실리콘 웨이퍼는 획기적인 순도와 평탄도가 만들어진다.

가장 대표적인 원소 반도체인 실리콘(Si)에 대해서는 이미 제1장에서 소개했다. 이 장에서는 실제로 집적회로(IC)를 설치하는 기판, **실리콘 웨이퍼**에 대해 원료 이야기부터 시작하여 주요 제조 과정 및 특성에 대해 설명하고자 한다.

실리콘(silicon)은 우리말로 규소라고 불리는데, 원래는 라틴어로 '부싯돌, 딱딱한 것'을 뜻하는 'silicis/silex'에서 온 것이라 알려진다. 이 때문에 지금도 실리콘 반도체를 가끔 '돌'이라고 부를 때가 있다.

표 1에는 실리콘의 주요 성질과 특징을 재료 측면에서 '일반적 특성', 원자 단위의 '원자 특성', 물리적 측면의 '물리 특성', 그 이외의 '기타 특성'으로 분류하여 나타냈다.

실리콘은 지각에 있는 각종 원소의 존재 비율을 나타내는 클라크수가 25.8%로 산소의 49.5%에 이어 두 번째로 많이 존재하는 원소다. 이른바 흔한 원소인 실리콘이 가장 대표적인 반도체 재료로서 우리 생활에 매우 도움이 된다는 사실을 생각하면, 하늘의 도움이 아닌가 싶기도 하다.

실리콘은 산소와 화합한 규석(SiO_x)으로 지각에 넓게 존재한다. 따라서 반도체 재료로 쓸 실리콘을 얻으려면 땅 속에서 규석을 파내, 그것을 환원하여(산소를 제거하여) 실리콘을 분리하는 일부터 시작한다.

실리콘은 반도체 재료 이외에도 광학계, 실리콘 함유의 합금이나 세라믹 등 다양한 용도로 사용된다. 참고로 동일 명칭의 유기 규소 화합물 중

• 실리콘은 지각 안의 존재 비율이 산소에 이어 두 번째로 많은 원소
• 실리콘은 산소 화합물인 규석으로 존재

합체를 총칭하는 실리콘(silicone)은 영어 단어의 철자가 다름을 유의해야 한다.

또 이산화규소(SiO_2)가 결정화한 것이 석영이며, 그중 무색 투명한 것이 수정이다.

표 1 실리콘의 주요 성질과 특성

일반적 특성	
명칭	실리콘, 규소
원소 기호	Si
분류	반금속
밀도	$2330\,kg \cdot m^{-3}$
색깔	암회색
원자 특성	
원자 번호	14
원자량	28.0855u
원자 반지름	$111 \times 10^{-12}\,m$
결정 구조	다이아몬드 구조(면심 입방 구조)
물리 특성	
융점	1414℃
몰 부피	$12.06 \times 10^{-3}\,m^3 \cdot mol^{-1}$
도전율	$2.52 \times 10^{-4}\,m \cdot \Omega$
열전도율	$148\,W \cdot m^{-1} \cdot K^{-1}$
비열 용량	$700\,J \cdot kg^{-1} \cdot K^{-1}$
기타 특성	
클라크수	25.8%
전기 음성도	1.9

반도체에서 사용되는 실리콘 웨이퍼(단결정 실리콘의 원판) 제조는 '실리콘 정제', '단결정 성장', '웨이퍼 가공' 등 크게 3가지 공정으로 나눌 수 있다. 먼저 실리콘 정제 공정을 살펴보자.

그림 1은 고순도 다결정 실리콘 제작까지 제조 공정의 일반적인 예를 나타낸다.

땅 속에서 파낸 규석(SiO_2)을 탄소 전극을 이용한 아크 전기로에서 용융 환원(산소 분리 제법)하여 순도 99% 정도의 금속 실리콘을 만든다. 이 금속 실리콘을 분쇄하고 염소 가스, 이어서 수소 가스와 반응시켜 **트리클로로사일렌**($SiHCl_3$)으로 전환시키고 금속성 불순물을 제거하여 순도를 올린다.

그리고 트리클로로사일렌을 정밀 증류하여 ppb 레벨 이하로 정제시켜 고순도화한다. 트리클로로사일렌(끓는점 31.8°C) 가스와 고순도 수소(H_2) 가스를 CVD 반응로에 넣어, 전기로를 가열하여 실리콘 선형 종자 주위로 기상 성장(가스 상태인 원료에서 재료층을 퇴적시킴)시켜 고순도의 다결정 실리콘 잉곳(결정 덩어리)을 제작한다.

이 다결정 실리콘은 작은 단결정 실리콘 조각들이 랜덤으로 모인 집합체인데, 순도는 '11N'(일레븐 나인), 즉 99.999999999%로 9가 11개로 고순도화되어 있다.

고순도 규석은 중국, 브라질, 노르웨이, 최근에는 호주, 말레이시아, 베트남 등에서 채광된 것이 사용된다. 이것은 규석 자체의 품질 때문이라기보다 금속 실리콘을 제작할 때 대량의 전력이 소비되므로 전기요금이 저

• 금속 실리콘은 규석을 전기로에서 탄소 환원하여 순도 99% 이상이 됨
• 중간물질 다결정 실리콘은 금속 실리콘을 정제하여 11N의 고순도 특성

렴할 필요가 있기 때문이다.

실리콘은 알루미늄과 마찬가지로 '전기 통조림'이라고도 할 수 있다. 일본 국내에서는 금속 실리콘 상태로 수입하여 증류하고 정제하여 그 이후의 공정을 하게 된다.

그림 1 고순도 다결정 실리콘의 제조 공정

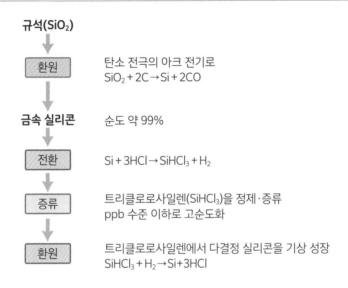

규석(SiO_2)

↓

환원 탄소 전극의 아크 전기로
$SiO_2 + 2C \rightarrow Si + 2CO$

↓

금속 실리콘 순도 약 99%

↓

전환 $Si + 3HCl \rightarrow SiHCl_3 + H_2$

↓

증류 트리클로로사일렌($SiHCl_3$)을 정제·증류
ppb 수준 이하로 고순도화

↓

환원 트리클로로사일렌에서 다결정 실리콘을 기상 성장
$SiHCl_3 + H_2 \rightarrow Si + 3HCl$

다결정 실리콘 잉곳

용어
해설

ppb ⋯ parts per billion(10억분의 1)
CVD ⋯ Chemical Vapor Deposition(화학 기상 성장)

단결정 실리콘의 대표적인 성장법으로 **CZ법**(Czochralski = 초크랄스키, 인상법)이 있다.

CZ법에서는 그림 1에 나타내듯이 다결정 실리콘의 잉곳을 튀김 모양과 크기로 깨뜨려 세정한 후에 석영 도가니에 넣고 카본 히터로 약 2,000℃까지 가열하여 용융시킨다. 이때 p형, n형 또는 절연성 등 반도체 타입을 고려하여, 첨가하는 불순물에 붕소(B)나 인(P) 중 하나를 첨가하거나 또는 목표하는 저항률을 만들기 위해 불순물 첨가량을 제어한다.

석영 도가니를 회전시키면서 피아노선 끝에 매단 작은 실리콘 조각(종자 결정: seed)을 실리콘 용융액에 접촉시켜 도가니와 반대 방향으로 회전시키면서 피아노선을 천천히 말아 올린다.

종자 결정에 묻어 용융액 면에서 아르곤(Ar) 분위기 중으로 끌려 올라간 부분이 고화되면서, 종자 결정의 결정 방위를 따라 단결정이 성장(육성)된다.

용융액이 없어질 때까지 계속하면 거의 전체가 완전 단결정화된 실리콘 봉(잉곳)을 얻을 수 있다. 이처럼 단결정 잉곳을 성장시키는 로를 '도가니'라고 한다.

단결정 실리콘에 포함되는 산소(O)는 결정 특성, 나아가 이것으로 만들어지는 웨이퍼에 제작되는 IC의 전기 특성에도 큰 영향을 미치게 된다. 따라서 산소 농도를 정밀하게 제어할 필요가 있다. 결정 성장 중에 실리콘 용융액의 대류 현상 때문에 석영 도가니에서 과도한 산소가 녹게 되는데, 이를 억제·제어할 목적으로 용융액에 자기장을 가하면서 성장시키는 방

요점 Check!
- 초크랄스키법으로 다결정 실리콘 용융액에서 단결정을 제작
- MCZ법은 웨이퍼 중 산소 농도를 제어하기 위해 자기장 속에서 성장

법이 발전하였으며, 이를 **MCZ법**(자기장 CZ법)이라 한다. 이때 자기장은 초전도 자석을 이용하여 만들어진다. 현재 주로 양산되는 300mm 웨이퍼는 이 MCZ법이 일반적으로 이용되고 있다.

그림 1 단결정 실리콘 인상법 성장 CZ법의 도가니

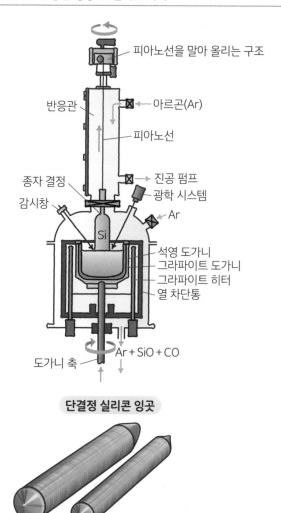

피아노선을 말아 올리는 구조

반응관

아르곤(Ar)

피아노선

종자 결정

진공 펌프

감시창

광학 시스템

Ar

Si

석영 도가니
그라파이트 도가니
그라파이트 히터
열 차단통

Ar + SiO + CO

도가니 축

단결정 실리콘 잉곳

용어 해설 ···→ MCZ ···→ Magnetic Czochralski

그림 1에 나타내듯이 CZ법으로 끌어올린 단결정 실리콘 잉곳의 상부(어깨쪽)와 하부(꼬리쪽)를 절단·제거하여 원기둥 상태인 몸통 부분을 남긴다.

몸통 부분의 단면 지름이 일정해지도록 바깥둘레 부분을 연삭한 후, 웨이퍼로 상태에서 결정 방위 표시나 제조 장치의 로드·언로드(자동 입/출)에 이용하기 위해 V자형으로 따내는 '노치'를 만든다. 따라서 결정 성장에서 바깥둘레를 연삭하는 만큼 지름을 크게 하여 잉곳을 성장시킬 필요가 있다.

그림 2에 나타내듯이 주위에 연삭된 잉곳을 지지대에 고정하고 피아노선을 이용하는 '와이어 톱'으로 약 1mm 두께로 한꺼번에 동그랗게 자른다 (슬라이싱).

슬라이싱이 끝나면 화학용액으로 접착제를 녹여 잉곳을 지지대에서 떼어내고 웨이퍼 한 장 한 장으로 분리한다. 웨이퍼 상태로 분리한 후, 다시 반도체 제조 공정에서 웨이퍼 핸들링 때 파티클 발생을 억제하고 기계적 강도를 향상시키기 위해 '면치(베벨링)'라 불리는 공정으로 웨이퍼 둘레 벽면을 포물선 상태로 연마한다.

다음으로 웨이퍼 한 장 한 장의 양면 평행도를 개선하고 소정의 두께로 만들기 위해 연마재로 래핑(마무리 연마)한다.

이러한 공정들에서 웨이퍼 표면에 기계 가공에 따른 손상을 없애기 위해 화학약품으로 표면을 식각한다.

계속 웨이퍼 표면의 울퉁불퉁한 부분을 없애고 평탄도를 올리는 경면

요점 Check!
· 단결정 잉곳을 와이어 톱으로 동그랗게 잘라 웨이퍼를 제작
· 웨이퍼는 잉곳을 웨이퍼 형상으로 하여 연삭·연마·CMP하여 완성

마무리로 그림 3에 나타내듯이 콜로이드 상태의 실리카액을 이용하여 화학 기계적 연마(CMP)를 한다. 마지막으로 세정과 소정의 검사를 거치면 예를 들어 구경 300mm(12인치)에 두께 0.775mm의 실리콘 웨이퍼가 완성된다.

그림 1 단결정 실리콘 잉곳 절단

어깨   몸통 부분   평가 샘플   꼬리

끌어올린 단결정의 어깨와 꼬리를
잘라버리고 평가 샘플을 잘라 만듦

노치

그림 2 와이어 톱을 이용하는 슬라이싱

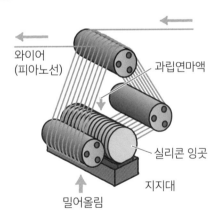

와이어
(피아노선)

과립연마액

실리콘 잉곳

지지대

밀어올림

그림 3   CMP 이용 웨이퍼의 경면 마무리

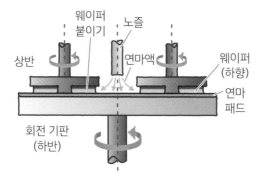

a CMP 장치

b 완성된 실리콘 웨이퍼

용어 해설   CMP ⋯⋯ Chemical Mechanical Polishing

실리콘 웨이퍼의 두께는 예를 들어 현재 양산으로 쓰이는 최대 구경 300mm(12인치)에서 0.775mm이다. 그러나 실제 IC는 표면에서 고작 수 μm 영역 내에 만들어진다. 따라서 이 표면 근방의 결정성을 얼마나 완전하게 만들 수 있는가가 IC의 생산수율·성능·신뢰성에 영향을 준다.

그러므로 실리콘 웨이퍼의 표면 근방에 **무결함층**(DZ)을 만들 필요가 있으며, 다양한 방법이 이용된다. 단결정 잉곳을 성장할 때 끌어올리는 속도를 늦추거나, 결정 중에 함유되는 산소 농도(Oi)를 그 후 열처리로 석출하여 제어하는 방법이 이용되기도 한다.

반도체는 깨끗한 환경에서 제조해야 하는데, 그래도 웨이퍼 핸들링이나 공정 중에 또 장치로부터 혼입되는 미량의 불순물을 완전히 없앨 수는 없다. 특히 철(Fe), 니켈(Ni), 크롬(Cr) 등의 중금속류는 IC의 생산수율·성능·신뢰성에 큰 영향을 미친다.

이 때문에 산소 석출 등을 이용하여 결정 내부에 인위적으로 결정 결함을 만들고, 이 결함을 이용하여 중금속류를 포획하여 고정화(이동하지 못하도록 함) 시키는 **게터링**(gettering) 기술이 보통 이용된다. 이 게터링으로 결정 중에 혼입된 미량의 중금속류를 결정 내부의 결함층에 붙잡아두어 표면에서 DZ층을 얻을 수 있다. 이른바 '독으로 독을 다스린다'는 것이다.

그림 1에는 몇 가지 게터링 방법을 나타냈다. 게터링은 결정 자체의 성질을 이용하는 '내부 게터링'(IG: Intrinsic Gettering)과 외부에서 결함층을 도입하는 '외부 게터링'(EG: Extrinsic Gettering)으로 크게 나눌 수 있다. 최근

요점 Check!
- 반도체 제조 중에 혼입되는 미량의 중금속류는 생산수율에 크게 영향
- 결정 내부에 고의로 결함을 만들어 중금속류를 포획하는 게터링 기술

에는 그림 2에 나타내듯이 내부 게터링(IG), 특히 IC 제조 공정의 열처리를 이용하는 N-IG(Natural IG)가 이용되고 있다.

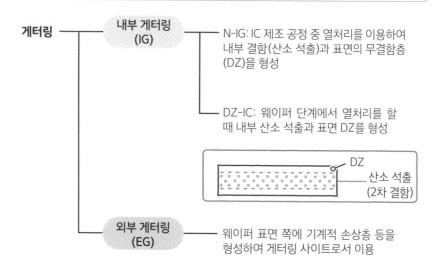

그림 1 게터링 방법

게터링 ─── **내부 게터링 (IG)** ─── N-IG: IC 제조 공정 중 열처리를 이용하여 내부 결함(산소 석출)과 표면의 무결함층 (DZ)을 형성

─── DZ-IC: 웨이퍼 단계에서 열처리를 할 때 내부 산소 석출과 표면 DZ를 형성

DZ
산소 석출 (2차 결함)

외부 게터링 (EG) ─── 웨이퍼 표면 쪽에 기계적 손상층 등을 형성하여 게터링 사이트로서 이용

그림 2 실리콘 웨이퍼의 내부 결함과 표면 DZ

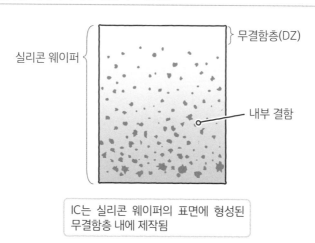

무결함층(DZ)

실리콘 웨이퍼

내부 결함

IC는 실리콘 웨이퍼의 표면에 형성된 무결함층 내에 제작됨

용어 해설
DZ ···▶ Denuded Zone
Oi ···▶ initial Oxygen content(초기 산소 농도)

058 실리콘 웨이퍼의 진화
에피 웨이퍼와 SOI

지금까지 설명한 실리콘 웨이퍼는 '프라임 웨이퍼'(prime wafer)라고 불린다. 프라임 웨이퍼에서는 COP(결정에 기인하는 파티클)라 불리는 결정 결함을 완전히 없앨 수 없다. COP는 당초에 미립자(파티클)로 추측되었는데, 면밀히 조사한 결과 실리콘 원자가 클러스터 상태로 빠져 있는 부분이었다. 고집적 IC에서는 웨이퍼 표면에 COP가 존재하면 소자 불량을 일으킬 가능성이 있다. 단결정 실리콘을 성장할 때 끌어올리는 속도를 늦추는 만큼 COP가 감소되는데, 이것도 한계가 있다. 완전한 결정을 얻기 위하여 COP를 완전히 없애는 방법으로 그림 1에 나타낸 **에피택셜 성장법**이 있다. 이 방법에서는 화학 반응기 내에서 프라임 웨이퍼를 가열하고, 사일렌(SiH_4)과 수소(H_2) 가스를 흘려 프라임 웨이퍼의 결정 구조와 동일한 단결정 박막을 증착시킨다. 이렇게 에피택셜 방법으로 성장한 웨이퍼를 '에피 웨이퍼'라고 한다.

그림 1 실리콘의 에피택셜 성장

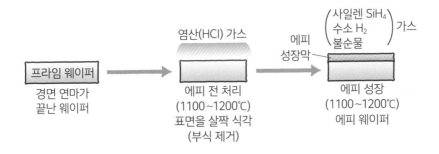

요점 Check!
- 프라임 웨이퍼 위에 실리콘 박막을 성장시킨 에피 웨이퍼
- 절연막 위에 단결정 실리콘 박막을 형성하는 SOI

이 밖에도 소자 분리 및 소자 유전 특성 개선을 위한 **SOI**라 불리는 웨이퍼가 있다. SOI는 그림 2에 나타내듯 3가지 방법으로 만들어진다.

❶ **SIMOX**: 프라임 웨이퍼의 표면 근방에 고농도 산소를 이온 주입하고, 그 후 열처리로 산화막을 형성한다.

❷ **맞붙이기**: 프라임 웨이퍼에 산화막이 붙은 두 웨이퍼를 맞붙여서 뒷면에서부터 연삭 제거한다.

❸ **스마트 커트**: 프라임 웨이퍼의 표면 근방에 수소(H_2)를 이온 주입하고 열처리하여 산화막이 붙은 웨이퍼에 서로 맞붙인다. 최근에는 이러한 방법의 SOI가 주로 사용되고 있다.

SOI 웨이퍼는 IC의 고성능화 이외에 신 구조 트랜지스터에 꼭 필요하다.

그림 2 SOI 웨이퍼 종류와 제작법

a SIMOX

산소(O₂)의 이온 주입

주입된 O₂

산소 이온 주입
(예) 에너지:180keV
도즈량: 1×10¹⁸atms/cm²

실리콘 웨이퍼

실리콘 박막

열처리
(예) 1350℃,
아르곤(Ar₂) + 산소(O₂)

묻힌 산화막(SiO₂) 층

b 맞붙이기

실리콘 웨이퍼

맞붙이기 (압력·온도)

SiO₂

실리콘 웨이퍼

뒤집기

연삭 제거

c 스마트 커트

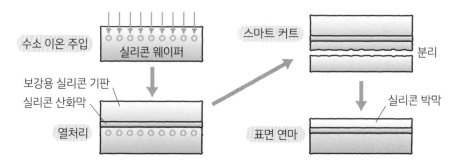

수소 이온 주입

실리콘 웨이퍼

스마트 커트

분리

보강용 실리콘 기판
실리콘 산화막

열처리

표면 연마

실리콘 박막

용어
해설

COP ···▸ Crystal Originated Particle
SOI ···▸ Silicon On Insulator
(절연막 위의 실리콘)

SIMOX ···▸ Silicon Implanted Oxide
도펀트 ···▸ 불순물
도즈량 ···▸ 불순물량

실리콘 웨이퍼에 요구되는 특성

IC의 기판 재료로 쓰이는 실리콘 웨이퍼에는 특성과 외관·형상에 관한 다양한 성능이 요구되는데, 그중 주요 항목을 살펴보자.

특성 면에서는 **결정방위**가 있다. 이는 웨이퍼의 표면이 어느 결정 방향인가에 관한 것으로, 예를 들어 밀러지수인 〈100〉 등으로 나타낸다. 참고로 단결정 실리콘 안에서 실리콘 원자의 면밀도는 〈100〉에서 최소가, 〈111〉에서 최대가 된다. **전도형**은 p형인가 n형인가를 나타내는 것으로 단결정 성장 시에 첨가하는 전도형 불순물 타입(p형은 붕소 등, n형은 인 등)에 따른다. **저항률**은 전도형 불순물의 첨가량과 실리콘 반도체 내의 활성도(첨가한 불순물 가운데 전기적으로 활성화되는 비율로 단결정 실리콘에서는 거의 100%)로 결정된다. **산소 농도**는 웨이퍼 표면의 무결함층과 내부 게터링 형성에 크게 영향을 준다.

외관·형상 측면에서는 **양면 연마인가 단면 연마인가, 평탄도, 휨, 미립자, 흠, 오염**에 더하여 면치(베벨링), V자 노치 가공 등이 있다.

웨이퍼 위에 제작하는 LSI가 더 미세화되고 고기능화되면서 같은 항목이라도 요구가 더욱 엄격해지고 있다.

또한 실리콘 웨이퍼 순도의 진전도 놀라울 만하다. '11N'(일레븐 나인) 즉 99.999999999%로 9가 11개인데, 실제로는 이보다 두 자리 수 이상도 가능하다고 알려진다. 평탄도와 관련하여서도 실리콘 웨이퍼를 야구장 정도로 확대하면 표면의 울퉁불퉁한 정도는 0.1mm 이하가 되는 것이다.

7장

IC 만들기①
-전 공정

실리콘 웨이퍼에 다수의 IC 칩을 만드는 전
공정에 대한 전체의 흐름과 또 전 공정을 구
성하는 박막 제작, 리소그래피, 식각, 불순물
첨가, CMP, 세정 등의 공정에 대해 설명한다.

반도체 IC 제조 공정은 크게 **전 공정**과 **후 공정**이라 불리는 2가지 공정으로 나눌 수 있다. 전 공정은 실리콘 웨이퍼에 트랜지스터 등 소자와 그들을 서로 접속하는 배선을 만든다. 전 공정은 **확산 공정**이라고도 하는데, 몇백 가지나 되는 단계로 이루어져 있으며 전체 제조 공정의 80% 정도를 차지한다. 전 공정은 다시 FEOL과 BEOL이라 불리는 공정으로 나뉜다. FEOL(Frond End Of Line: 프론트 엔드 공정)은 실리콘 반도체 위에 트랜지스터 등 소자를 만드는 공정이고, BEOL(Back End Of Line: 백 엔드 공정)은 소자와 소자를 접속하는 배선(다층 배선 포함)을 제작하는 공정이다.

전 공정은 그림 1에 나타내듯이 절연체나 도체 또는 반도체 박막을 형성하는 **박막 제작 공정**, 그리고 이들 박막 위에 도포한 감광제에 사진 기술을 이용하여 패턴을 만드는 **리소그래피 공정**, 패턴이 형성된 감광제를 마스크로 하여 박막의 형상을 만드는 **식각 공정**, p형·n형을 만드는 불순물을 실리콘 기판의 패턴 표면에 첨가하는 **불순물 첨가 공정**, 제조 공정 중 몇몇 단계에서 소자 표면을 평탄화하는 **CMP 공정**, 또 이들 각 공정 사이에 먼지나 불순물을 제거하는 **세정·건조 공정** 등을 포함한다. 전 공정의 자세한 내용은 (060) 이후에 설명하겠다. 또한 완성된 웨이퍼 위에 IC 하나하나의 전기 특성을 검사하여 양품과 불량을 판별하는 **웨이퍼 검사 공정**이 있다.

한편 후 공정은 그림 2에 나타내듯이 **조립 공정**과 **검사·선별 공정**으로 나

- IC의 제조 공정은 전 공정과 후 공정으로 나뉨
- 전 공정은 FEOL과 BEOL로 다시 나뉨

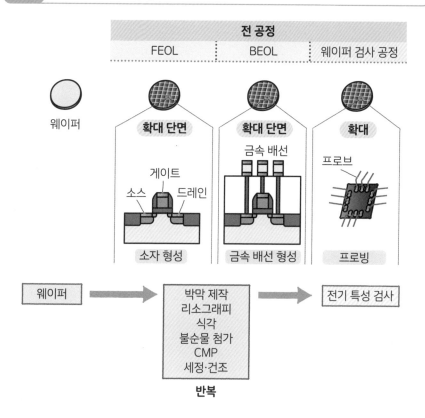

그림 1 간략히 나타낸 전 공정

전 공정

| FEOL | BEOL | 웨이퍼 검사 공정 |

웨이퍼

확대 단면 — 소자 형성
소스 / 게이트 / 드레인

확대 단면 — 금속 배선 형성
금속 배선

확대 — 프로빙
프로브

웨이퍼 → 박막 제작 / 리소그래피 / 식각 / 불순물 첨가 / CMP / 세정·건조 **반복** → 전기 특성 검사

눌 수 있다. 조립 공정은 전기 특성 검사가 끝난 웨이퍼를 하나하나 IC 칩으로 잘라 패키지에 수납하는 공정이다. 검사·선별 공정은 패키지에 수납된 IC의 외관이나 전기 특성을 검사하고 제품 사양에 따라 양품과 불량품을 판별하는 공정이다. 자세한 후 공정 내용은 제8장에서 설명한다.

그림 2 간략히 나타낸 후 공정

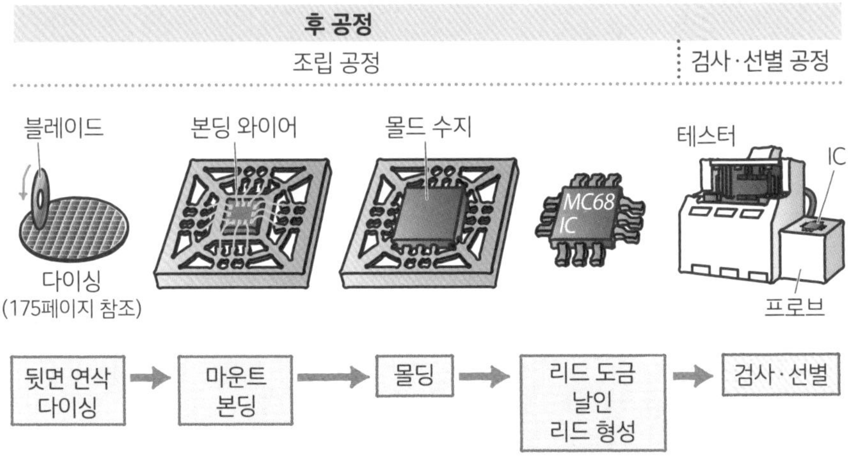

후 공정
조립 공정
검사·선별 공정
블레이드
다이싱
(175페이지 참조)
본딩 와이어
몰드 수지
MC68
IC
테스터
IC
프로브
뒷면 연삭
다이싱
마운트
본딩
몰딩
리드 도금
날인
리드 형성
검사·선별

용어 해설

프로빙 ⋯ probing(바늘을 대어 측정하는 것)

CMP ⋯ Chemical Mechanical Polishing(화학 기계적 연마)

여기서는 가장 대표적인 CMOS-IC를 예로 들어 그림 1에 나타낸 주요 공정의 단면 구조 모형으로 FEOL 공정의 흐름을 살펴보자(이어서 061로).

(a) 구경 300mm(12인치), 두께 775μm인 p형 실리콘 웨이퍼를 준비한다.

(b) 실리콘 웨이퍼를 세정한 후, 온도를 올려서 열산화법으로 실리콘(Si)과 산소(O)를 반응시켜 '실리콘 산화막'(SiO_2)을 형성하고 이어서 사일렌(SiH_4) 가스와 암모니아(NH_3) 가스를 '기상 성장'(CVD)법으로 '실리콘 질화막'(Si_3N_4)을 형성한다.

(c) 웨이퍼 표면에 포토레지스트(PR) 감광제를 도포하고, 마스크(레티클이라고도 한다)를 이용하여 불화아르곤(ArF) 엑시머 레이저로 빛을 조사하여 마스크의 패턴을 전사한다. 석영 마스크에 패턴은 크롬(Cr) 박막으로 형성되어, 레이저 빔 노광에서는 마스크의 4분의 1로 축소 투영된다. Cr 박막이 있는 곳은 레이저 빔을 차단하고, 없는 곳은 레이저 빔을 통과시킨다.

(d) 현상하여 포토레지스트에 패턴을 형성한다. (c)와 (d) 공정을 합쳐 **리소그래피**라고 한다.

(e) 포토레지스트를 마스크로 만들어 Si_3N_4막, SiO_2막, Si 표면을 차례대로 건식 식각하고 실리콘 표면에 얕게 파인 홈 '얕은 트렌치'(Shallow Trench)를 형성한다.

(f) 포토레지스트를 박리시킨 후 웨이퍼 전체에 CVD법으로 두꺼운 SiO_2막을 만든다.

요점 Check!
• 전 공정은 전체 공정의 80% 정도를 차지함
• FEOL은 트랜지스터 등 소자를 형성하는 공정

(g) **화학 기계적 연마**(CMP)를 이용하여 두꺼운 SiO_2막을 깎아내고 실리콘 표면에 얇게 파인 홈 트렌치에 채운 SiO_2막을 남긴다.

(h) Si_3N_4막을 제거하고 리소그래피를 통해 일부를 포토레지스트로 덮은 후, 나머지 부분 실리콘 표면에 인(P)을 이온 주입하여 **n형 우물**을 형성한다. 포토레지스트로 덮인 영역에서는 인 이온이 투과하지 못하므로 실리콘 표면 부분에만 주입된다.

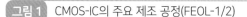

그림 1 CMOS-IC의 주요 제조 공정(FEOL-1/2)

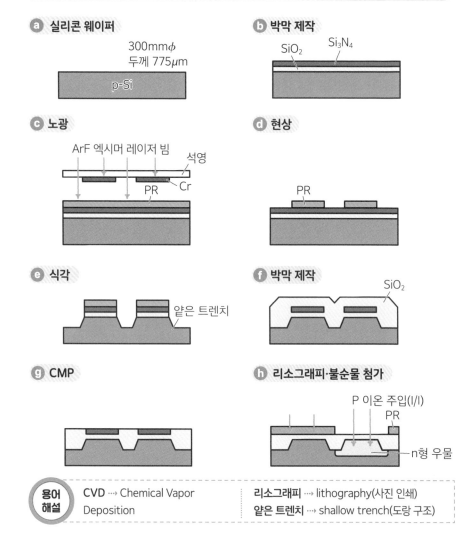

(i) 포토레지스트를 박리한 후 웨이퍼 표면의 SiO_2막을 제거하고 열산화 법으로 새로 게이트 절연막(SiO_2)을 성장시킨다.

(j) CVD에서 SiH_4 가스를 N_2 중에서 열분해하여 다결정 실리콘(poly-Si)을 성장시킨다.

(k) 리소그래피로 다결정 실리콘에 패터닝하여 '게이트 전극'을 형성한 후 일부를 포토레지스트 패턴으로 덮고 나머지 부분에 인을 이온 주입한 다. 게이트 전극과 자기 정합(셀프 얼라인)하여 n-채널 MOS 트랜지스 터의 소스와 드레인이 되는 n형 영역을 형성한다. 이어서 같은 공정으 로 붕소(B) 이온을 셀프 얼라인으로 주입하여 p-채널 MOS 트랜지스 터의 소스와 드레인이 되는 p형 영역을 형성한다.

(l) 포토레지스트를 박리한 후 전면에 두꺼운 SiO_2막을 성장시켜 이방성 이 강한 건식 식각으로 게이트 전극 측면에 SiO_2의 측벽 '사이드 월'을 형성한다.

(m) p-채널 쪽을 포토레지스트로 덮고 비소(As)를 측벽에 자기정합하여 이온 주입 후 n-채널 MOS 트랜지스터의 소스와 드레인의 n^+ 영역을 형성한다. 이어서 똑같은 공정으로 붕소(B)를 이온 주입하고 p-채널 MOS 트랜지스터의 소스와 드레인이 되는 p^+ 영역을 형성한다.

(n) 니켈(Ni) 박막을 스퍼터링으로 전면에 형성하고 열처리를 하면 실리콘 및 다결정 실리콘과 접한 부분만 니켈실리사이드($NiSi_2$)로 바뀌고, 나 머지 부분은 그대로 남는다.

요점 Check!
• 전 공정은 박막 제작, 리소그래피, 식각, 불순물 첨가 등으로 구성
• 셀프 얼라인 기술과 완전 평탄화 기술은 전 공정에서 많이 이용되는 기술

(o) 희석 불산에 담그면 니켈은 용해하지만 $NiSi_2$는 그대로 남아, 게이트 전극과 소스 및 드레인 영역 표면에 $NiSi_2$막 전극 보강 구조를 셀프 얼라인 방법으로 만들 수 있다. 이는 '살리사이드'라 불린다.

(p) 전면에 두꺼운 SiO_2막을 성장시킨 후 CMP로 표면을 완전하게 평탄화한다.

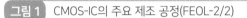

그림 1   CMOS-IC의 주요 제조 공정(FEOL-2/2)

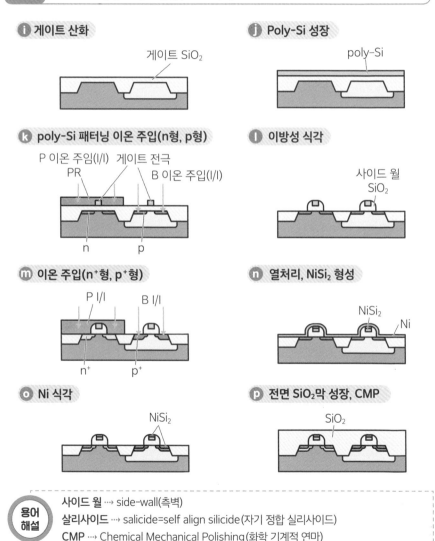

ⓘ 게이트 산화

게이트 SiO_2

ⓙ Poly-Si 성장

poly-Si

ⓚ poly-Si 패터닝 이온 주입(n형, p형)

P 이온 주임(I/I)   게이트 전극
PR   B 이온 주입(I/I)

n   p

ⓛ 이방성 식각

사이드 월
SiO_2

ⓜ 이온 주입(n^+형, p^+형)

P I/I   B I/I

n^+ p^+

ⓝ 열처리, $NiSi_2$ 형성

$NiSi_2$
Ni

ⓞ Ni 식각

$NiSi_2$

ⓟ 전면 SiO_2막 성장, CMP

SiO_2

용어해설

사이드 월 ⋯ side-wall(측벽)
살리사이드 ⋯ salicide=self align silicide(자기 정합 실리사이드)
CMP ⋯ Chemical Mechanical Polishing(화학 기계적 연마)

그림 1에 나타낸 주요 공정의 단면 구조 모형을 따라 순서대로 'BEOL' 공정의 흐름을 살펴보자.

(q) 리소그래피와 건식 식각으로 게이트 전극과 소스/드레인 위의 절연막 SiO_2에 전극 접속용 창(컨택 홀)을 만든다.

(r) 전면에 CVD로 두꺼운 텅스텐(W) 막을 성장시킨 후 CMP로 연삭하여 컨택 홀 내에만 텅스텐을 남긴다. 이렇게 채워 넣은 컨택은 '플러그 컨택'이라 불리는데, 이 경우는 'W 플러그'라고도 한다.

(s) 전면에 스퍼터링(063 참조)으로 알루미늄(Al) 박막을 형성한 후 리소그래피와 건식 식각으로 알루미늄 막에 패턴을 만들어 게이트 전극과 소스/드레인 전극을 형성한다. 이것이 첫 번째 층 메탈 배선이 된다.

(t) 전면에 두꺼운 층간 절연막(SiO_2)을 성장시키고 CMP로 평탄화한 후, 이 SiO_2막에 리소그래피와 건식 식각으로 두 번째 층 배선 패턴용 홈과 이 두 번째 층 배선에 첫 번째 층 배선을 접속하는 창(스루홀)을 형성한다.

(u) 전면에 타이타늄(Ti)과 질화 타이타늄(TiN)의 박막을 스퍼터링으로 형성하고 전해 도금으로 두꺼운 구리(Cu) 막을 성장시킨다.

(v) CMP로 표면을 연삭하고 구리의 두 번째 층 배선과 구리를 채워 넣어 스루홀을 형성한다. 이와 같은 상감기법 배선 홈 구조를 '다마신 배선'이라고 한다.

(w) 웨이퍼 전면에 CVD로 패시베이션(보호)용 실리콘산질화막(SiON)을 형성한다.

요점 Check!
- BEOL은 배선을 구성하는 공정
- 다층 배선이 발전하면서 BEOL이 중요해짐

지금까지 두 번째 층 배선을 예로 들어 설명했는데, 앞에서 언급한 (t)부터 (v)까지의 공정을 짝으로 반복하여 완전 평탄한 3층 이상의 다층 배선도 형성할 수 있다.

그림 1 CMOS-IC의 주요 제조 공정(BEOL)

q 콘택트 홀 제작

콘택트 홀　SiO₂

r W 성장, W CMP

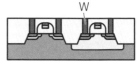

W

s Al 스퍼터링, Al 패터닝

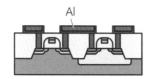

Al

t 스루홀, 배선 홈 식각

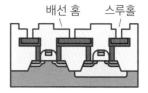

배선 홈　스루홀

u Cu 도금

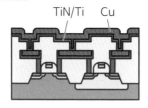

TiN/Ti　Cu

v Cu CMP

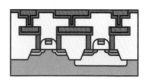

w 보호막 성장

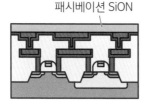

패시베이션 SiON

다마신 배선이 개발되면서 배선 공정이 모듈화되었고, 이 모듈을 반복하여 수십 층 이상의 다층 배선이 가능해졌다.

용어 해설

플러그 콘택트 ···▸ plug contact
다마신 ···▸ damascene(상감기법)

스루홀 ···▸ through hole
패시베이션 ···▸ passivation

063 도체, 절연체, 반도체 박막 형성
박막 공정

IC는 다양한 재료의 박막을 순서대로 쌓아 올려 만들어지는데, 이들 박막 형성은 **박막 제작(성장) 공정**으로 이루어진다. 여기서는 대표적인 3가지 박막 제작법에 대해 설명한다.

열산화: 실리콘의 특이한 성질로 '열산화' 특성이 있다. 실리콘(Si)을 고온의 산소(O_2)나 스팀(H_2O) 등 산화성 분위기에 노출하면 실리콘 산화막(SiO_2)이 성장된다. 열산화 SiO_2막은 절연 내압이 높고 누설 전류가 적으며 실리콘과의 계면 전기적 특성이 안정되어 있는 점 등 다른 재료에는 없는 좋은 특성을 가지고 있다. 그림 1에 산화로를 이용한 각종 열산화법의 예를 나타낸다.

CVD: CVD(화학 기상 성장법)는 성장할 막의 성분에 맞춰 필요한 원료를 가스(기상) 상태로 공급하여, 박막 표면에서 촉매작용을 이용하는 화학 반응으로 박막을 형성한다. '챔버'라 불리는 반응관에 도입된 원료 가스는 열, 플라즈마, 빛 등의 에너지 때문에 표면에서 흡착·이탈을 반복하면서, 일부가 흡착되어 표면을 이동하면서 점점 적층된다. 반응 생성물은 가스가 되어 이탈하고 배기 공정으로 제거된다. 그림 2에 플라즈마 CVD 장치의 구조 모형을 나타낸다.

스퍼터링: CVD와 대조적으로 'PVD'(물리 기상 성장)라는 물리 반응을 이용하는 박막 제작법이 있다. 가장 대표적인 방법은 '스퍼터링'이다. 그림 3에 스퍼터링의 원리를 나타냈다. 진공 반응관 안에 아르곤(Ar) 가스를 도입하

요점 Check!
· 도체, 절연체, 반도체의 박막을 형성하는 박막 제작 공정
· 열산화, CVD, 스퍼터링을 이용하는 박막 제작법

고 플라즈마 여기하여 이온화(Ar^+)한다. 아르곤 이온은 음극 쪽의 타깃 (target)에 충돌하게 되는데, 이때 당구 원리로 타깃 구성 원자가 튕겨 나와 반대 방향의 양극 쪽에 놓인 웨이퍼에 부착된다. IC에서는 알루미늄(Al), 타이타늄(Ti), 텅스텐(W) 등 각종 금속 재료의 박막 제작에 스퍼터링이 이용되고 있다. 또 질소(N_2)나 산소(O_2) 등의 가스 분위기 중에서 타깃 재료의 질화막이나 산화막을 성장시키는 방법도 있으며 이러한 방법을 반응성 스퍼터링이라 부른다.

그림 1 산화로를 이용하는 각종 열산화법

ⓐ 건식 O_2 산화

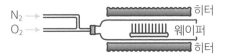

ⓑ 습식 O_2 산화

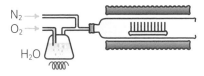

ⓒ 스팀 산화(100%)

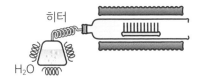

ⓓ 산소 연소 산화 (파이로제닉 산화)

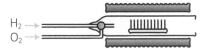

그림 2　플라즈마 CVD 장치의 구조 모형

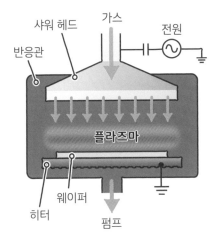

그림 3　스퍼터링의 원리

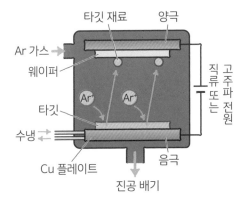

용어 해설	CVD ···▶ Chemical Vapor Deposition	스퍼터링 ···▶ sputtering
	PVD ···▶ Physical Vapor Deposition	반응성 스퍼터링 ···▶ reactive sputtering

사진 식각 의미의 **리소그래피**는 은염 카메라의 원리를 이용하여 웨이퍼 표면에 도포한 감광제에 마스크를 통해 노광한 후, 현상 처리하여 패턴을 만드는 방법이다. 리소그래피 공정은 다음과 같이 '도포', '노광', '현상'으로 나눌 수 있다.

포토레지스트 도포: 웨이퍼에 가공하고자 하는 재료 면에 포토레지스트라는 감광 수지를 얇게 도포한다. 포토레지스트는 감광제와 베이스 수지를 용매에 녹인 액체로 빛이 쪼여진 부분을 현상에서 제거하는 '포지티브형'과 반대인 '네거티브형'이 있고, 그림 1에 나타내듯이 스핀코터(회전 코팅기)로 도포된다.

노광: 포토레지스트가 도포된 웨이퍼는 '굽기'라 불리는 가벼운 열처리를 하여 '스테퍼'라 하는 노광 장치에 장착된다. 스테퍼는 그림 2에 나타내듯이 몇 가지 렌즈계를 이용하여 실제 패턴의 4배로 만들어지는 마스크(레티클)를 통해 나오는 빛의 패턴을 축소하여 투영한다. 칩 1개의 노광이 끝나면 스테이지가 이동하여 다음 칩을 노광하는 동작(스텝 앤 리피트)을 반복하여 웨이퍼 면을 노광한다. 광원의 파장(λ)이 짧을수록, 또한 렌즈 밝기를 나타내는 '개구수'(NA)가 클수록 분해능(resolution)이 올라간다. 최근에는 선 상태의 슬릿 광원을 이용하여 레티클을 스캐닝하여 노광하는 '스캐너'가 이용되고 있다. 렌즈의 전면을 이용하는 스테퍼에 비해 스캐너는 렌즈의 슬릿 상태 일부분만 이용하므로 더 큰 면적을 노광할 수 있다. 단, 스캐너는 마스크 스캔도 필요하므로 복잡하고 비용이 증가되는 단점이 있다.

요점 Check!
• 리소그래피로 마스크 패턴을 웨이퍼에 전사
• 포토레지스트 도포, 노광, 현상 공정으로 이루어짐

현상: 노광이 끝난 웨이퍼는 '포스트 베이크'라 불리는 가벼운 열처리 후에 현상된다. 현상은 디벨로퍼를 이용하여 강알칼리성 현상액을 회전 도포하거나 스프레이 도포한다.

포토레지스트 스핀코터

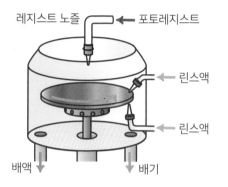

레지스트 노즐 ← 포토레지스트
린스액
린스액
배액 배기

> 포토레지스트 막의 두께는 포토레지스트의 점도와 회전수로 제어

스테퍼(축소 투영 노광 장치)

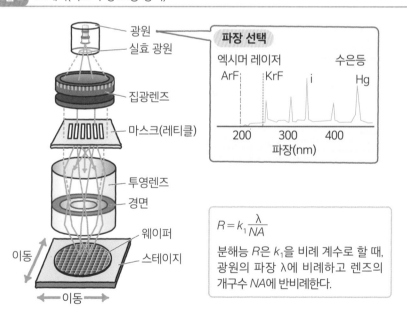

광원
실효 광원
집광렌즈
마스크(레티클)
투영렌즈
경면
웨이퍼
이동 스테이지
이동

파장 선택

엑시머 레이저   수은등
ArF KrF i   Hg

200   300   400
파장(nm)

$$R = k_1 \frac{\lambda}{NA}$$

분해능 R은 k_1을 비례 계수로 할 때, 광원의 파장 λ에 비례하고 렌즈의 개구수 NA에 반비례한다.

용어해설

리소그래피 ⋯ lithography	NA ⋯ Numerical Aperture
스테퍼 ⋯ stepper	스캐너 ⋯ scanner
스텝 앤 리피트 ⋯ step & repeat	

화학 반응을 이용하여 재료를 제거하는 작업이 **식각**이다. 가스를 이용하는 '건식 식각'(dry etching)과 화학용액을 이용하는 '습식 식각'(wet etching)이 있다. 대표적으로 평행 평판형인 **반응성 이온 식각**(RIE)을 그림 1에 나타낸다. 진공 상태인 반응관에 원형 평판 전극을 마주하게 설치하여 필요한 가스를 도입하고 웨이퍼가 놓인 하부 전극에 고주파 전압을 인가하면 플라즈마 여기로 라디칼(유리기), 이온, 전자가 생성된다. 이들 라디칼이나 이온이 재료와 화학 반응을 일으켜 휘발성 물질을 만들고 스퍼터링으로 이를 제거하면서 식각이 진행된다.

건식 식각에서는 포토레지스트의 패턴대로 고정밀 섬세 가공을 효율적으로 하기 위해 포토레지스트와 재료의 식각 속도 비율(선택비)이 크고, 손상이나 오염이 적으며, 식각 속도가 높은 등의 특성이 요구된다. 이러한 사항들을 고려하여 SiO_2막의 식각에는 CF_4 등이 이용되고, 알루미늄(Al) 막의 식각에는 Cl_2와 BCl_3의 혼합 가스 등이 이용된다. 마스크로 쓰이는 포토레지스트는 건식 식각이 끝나면 산소를 이용하여 '애싱'(ashing)이라는 화학 처리를 하거나 유기용제를 이용하여 '박리'로 제거된다.

습식 식각은 석영이나 테프론 식각통에 화학용액을 채우고 캐리어에 웨이퍼를 끼워 담가서 진행한다. 그림 2는 다수의 화학용액통과 수세·건조통을 갖춘 습식 식각 장치의 모형이다. 이와 같은 방식을 '딥 타입'(담금 방식)이라 하는데, 화학용액을 웨이퍼에 뿜어서 반응시키는 '스프레이 방식'도 있다.

요점 Check!
- 재료 박막을 가공·제거하는 식각
- 건식 식각과 습식 식각으로 나뉨

현재, 포토레지스트 등을 마스크하여 고정밀 식각할 때 보통 건식 식각이 이용되며, 불산이나 고온 인산 등 등방성으로 손상이 없는 습식 식각은 웨이퍼의 전체 면 제거 등 일부의 공정에서 이용된다.

그림 1 | 평행 평판형인 반응성 이온 식각 장치의 모형

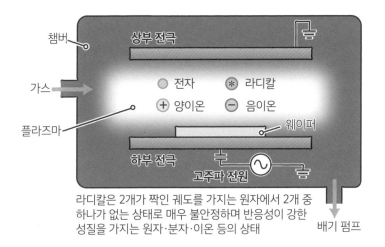

라디칼은 2개가 짝인 궤도를 가지는 원자에서 2개 중 하나가 없는 상태로 매우 불안정하며 반응성이 강한 성질을 가지는 원자·분자·이온 등의 상태

그림 2 | 다수 식각통 습식 식각 장치의 모형

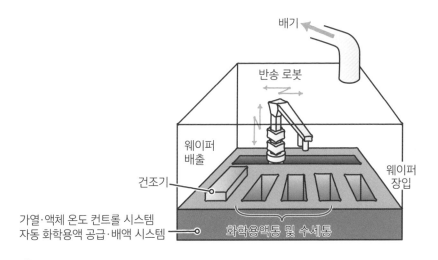

용어 해설	RIE ···→ Reactive Ion Etching	습식 식각 ···→ wet etching
	건식 식각 ···→ dry etching	애싱 ···→ ashing(화학세척 처리)

웨이퍼의 전체 또는 일부분에 p형이나 n형 전도성을 만들기 위해 **불순물 첨가** 공정이 필요하다. 대표적인 방법으로 **열확산**과 **이온 주입**이 있다. 불순물 첨가는 '도핑'이라고도 한다.

　열확산법: 열확산의 전형적인 방법은 그림 1에 나타내듯이 석영 보트(배 모양 용기)에 장착한 웨이퍼를 확산로 히터로 가열된 반응관에 넣고 불순물 가스를 흘린다. 확산로는 800~1000°C로 고온이므로 열 변형이나 결정 결함 생성을 막기 위해 웨이퍼를 반응관에 넣을 때나 꺼낼 때는 시간을 들여 천천히 한다. 첨가하는 불순물의 농도나 분포는 온도, 시간, 가스 양으로 제어한다.

　이온 주입법: 소자의 미세화와 함께 첨가하는 불순물의 농도나 프로파일(깊이 분포)을 더 정확하게 제어할 필요가 있다. 또한 포토레지스트를 마스크로 하여 국소적으로 불순물을 첨가할 필요도 있다. 이와 같은 목적으로 가속된 이온을 표면에서 물리적으로 입사시키는 '이온 주입'이 이용된다. 이온 주입을 할 때 첨가 불순물의 총량을 정하는 **주입 도즈**와 깊이를 정하는 **주입 에너지**를 제어한다. 이온 주입은 이온 주입 장치를 이용하는데, 주입 에너지 차이에 따라 저속, 중속, 고속 타입으로 나뉘며 저속, 중속기는 수~수십 keV, 고속기는 수백 eV~수 MeV가 이용된다.

　이온 주입기는 그림 2에 나타내듯이 주입해야 할 이온 종, 즉 붕소(B)나 인(P), 비소(As) 등의 가스를 아크 방전으로 이온화한다. 이 이온을 자기장을 이용하는 질량 분석기로 주입종과 하전종(몇 가인가)을 선택하여 전기장

요점 Check!
- 반도체에서 전도성을 만드는 공정이 불순물 첨가
- 불순물 첨가 방법에는 열확산법이나 이온 주입법이 있음

에서 가속 웨이퍼 표면에 주입한다. 이온 주입할 때는 웨이퍼 표면에서 대전으로 인한 정전 파괴가 생기는 것을 막기 위해 웨이퍼 앞에서 이온을 일렉트론 샤워에 통과시켜 중성화시킨다.

그림1 열확산법

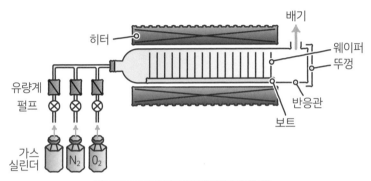

첨가 불순물	불순물 가스의 예
인	포스핀(PH_3)
비소	아르신(AsH_3)
붕소	다이보레인(B_2H_6)

그림2 이온 주입기 모형

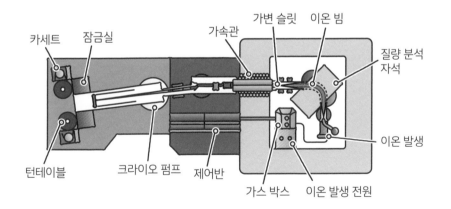

용어 해설

도핑 ⋯ doping
이온 주입 ⋯ ion implantation(I/I)
이온 주입기 ⋯ ion implanter

eV ⋯ 전자볼트(전자를 1V의 전위차로 가속하여 얻을 수 있는 에너지가 1eV)
일렉트론 샤워 ⋯ electron shower

질소(N_2)나 아르곤(Ar_2) 등의 불활성 가스 분위기 중에서 웨이퍼에 열에너지를 주는 처리를 **열처리**라 한다. 그러나 불활성 가스 중에 소량의 산소(O_2) 등을 첨가해도 열을 가하는 것이 주목적일 때는 열처리라고 부른다. IC의 제조에서 사용하는 열처리 기술을 표 1에 몇 가지 목적과 함께 나타내었다.

밀어 넣기: 웨이퍼에 열을 가해 확산 현상을 이용하여 전도성 불순물을 깊은 곳으로 '밀어 넣는' (재분포) 방법이다.

리플로우: 인을 포함한 실리콘 산화막(PSG)이나 붕소를 포함한 실리콘 산화막(BSG), 또는 인과 붕소를 둘 다 포함한 BPSG막들은 비교적 낮은 융점을 가지며 1000℃ 근방 온도에서 유동화한다. 이 현상을 '리플로우'라 하며 IC 제조 공정에서 웨이퍼 표면을 평탄화하기 위해 이용된다.

어닐링: '풀림'이라는 뜻을 가지는 '어닐링'에도 몇 가지 공정과 목적이 있다. '활성화'는 이온 주입한 전도성 불순물을 전기적으로 활성화시키는 것이다. 이온 주입만 해서는 불순물 원자가 결정 살창점의 실리콘 원자와 전환되지 않기 때문에 전기적으로 충분히 활성화되지 않는다. 따라서 웨이퍼에 열을 가해서 결정 살창을 흔들어 살창점의 실리콘을 불순물 원자로 전환한다. '계면 안정화'는 Si-SiO$_2$ 계면에 존재하는 미결합 팔(댕글링 본드)을 수소(H_2)로 끝나게 하여 계면의 전기적 특성을 안정화시킨다. '얼로이'(신터링이라고도 한다)는 알루미늄 등의 금속과 실리콘을 합금으로 만들어 금속 배선 전선과 실리콘 접합에서 오믹(전류가 전압에 비례) 특성을 만든다.

요점 Check!
- 불활성 가스 분위기 중에서 열 반응을 이용하는 열처리 공정
- 열처리의 주요 공정은 밀어 넣기, 리플로우, 어닐링

어닐링에는 그림 1에 나타내듯이 열처리 또는 적외선 '램프 어닐링 장치' 가 이용된다.

표 1 열처리의 주요 공정과 목적

주요 공정	분위기 가스	온도	목적
밀어 넣기	N2, Ar2 또는 미량의 O2 첨가	900~1100℃	실리콘 중의 전도형 불순물을 열확산으로 재분포
리플로우		950~1100℃	PSG, BSG, BPSG 등 비교적 저융점 특성의 재료들을 유동화 공정으로 웨이퍼 표면을 평탄화시킴
어닐링 활성화		850~1000℃	이온 주입으로 첨가한 불순물을 전기적으로 활성화
계면 안정화	수소(H2) 또는 포밍(foaming) 가스 (H2+N2)	800~1000℃	Si-SiO2 계면의 미결합 팔(댕글링 본드)을 H2 종단(터미네이트)하여 계면의 전기적 특성을 안정화한다.
얼로이 (신터링)		400~500℃	Al 등의 메탈과 Si의 합금화로 오믹 접합 특성을 확보하고, 동시에 Si-SiO2 계면을 전기적으로 안정화

그림 1 열처리 장치

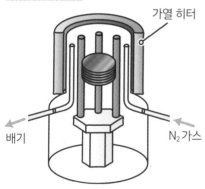

a 종형 열처리로

가열 히터
배기
N2 가스

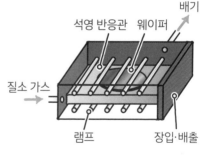

b 램프 어닐링 장치

석영 반응관 웨이퍼
배기
질소 가스
램프 장입·배출

용어 해설

PSG ···› Phosphorus Silicate Glass
BSG ···› Boron Silicate Glass
BPSG ···› Boron Phosphorus Silicate Glass

어닐 ···› anneal
얼로이 ···› alloy
신터 ···› sinter

IC의 미세화에 따른 집적도와 성능 향상을 위해, 특히 로직 반도체에서는 다층 배선의 층수를 늘려 왔다. 이는 트랜지스터 등 소자의 미세화와 고성능화의 진전과 더불어 배선의 집적도나 신호 지연이 걸림돌이 되었기 때문이다. 그러나 배선 총수를 늘리면 IC 표면이 울퉁불퉁해지기도 하고 또 2가지의 큰 문제점이 생긴다.

그중 하나는 박막을 형성할 때 단차면에 피복성(스텝 커버리지)이 나빠지고 배선층의 단선으로 오픈이 발생하거나 층간 절연막의 절연 불량에 따른 쇼트가 발생하기 쉬워져 생산수율이나 신뢰성 문제로 이어진다. 또 다른 하나는 리소그래피 문제인데, 단차에서 포토레지스트 도포 막 두께가 변동하거나 노광할 때 초점이 부분적으로 맞지 않게 되어 미세 패턴의 해상도가 나빠지게 된다.

이러한 문제점들을 해결하기 위해 개발된 것이 **CMP**라는 완전 평탄화 기술이다. CMP는 그림 1에 나타내듯이 일반적으로 연마 입자를 포함하는 연마액(슬러리)을 웨이퍼 표면에 흘리면서 아래쪽 방향으로 스핀들에 붙은 웨이퍼 표면을, 회전하는 폴리싱 판에 붙여진 연마 패드에 접촉시켜 연마한다. 이때 연마 패드의 무뎌짐을 컨디셔너로 날을 세워가며 연마 조건을 일정하게 지켜야 한다. CMP는 이름 그대로 연마 공정에 슬러리와 재료막의 화학적 반응과 기계적 연마 반응이 조합된 것이다.

표 1에 CMP를 이용하는 주요 공정을 나타낸다. CMP는 대상이 절연막 종류와 메탈 종류로 크게 분류된다. 절연막 종류에서는 소자 분리를 위한

요점 Check!
- 웨이퍼 표면 완전 평탄화 CMP
- CMP는 화학 반응과 기계 반응을 동시에 이용하는 연마법

'STI'(얕은 홈 분리) 구조, 메탈 배선 아래 절연막 및 다층 메탈 배선 층간의 절연막이 대상이다. 한편 메탈 종류에서는 내장형 전극 패드나 스루홀용 텅스텐 플러그(W 플러그) 및 구리(Cu)의 다마신 배선 등이 대상이다.

그림 1 CMP 장치의 모형

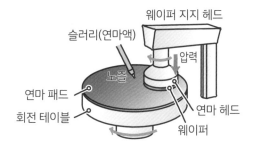

연마 패드는 점점 무뎌지므로 연마와 동시에 컨디셔닝으로 날을 세움

표 1 CMP를 이용하는 주요 공정

재료 분류	주요 공정	내용	단면 모형
절연막 종류	트렌치 분리	소자 사이를 전기적으로 분리하기 위한 내장형 절연막을 형성	
	메탈 배선 아래 절연막	첫 층의 메탈 배선 아래의 절연막을 평탄화	
	메탈 배선 층간 절연막	다층 메탈 배선 층간 절연막의 평탄화	
메탈 종류 (배선 종류)	W 플러그	아스펙트비가 큰 전극 패드 홀이나 비아홀을 배선과 동시에 형성할 때도 있다.	
	다마신 배선	절연막에 채워진 Cu 등의 평탄화한 배선, 컨택홀이나 비아홀을 배선과 동시에 형성할 때도 있다.	

용어 해설

CMP ⋯ Chemical Mechanical Polish
연마 ⋯ SiO_2, Al_2O_3, CeO_2, 다이아몬드 등
슬러리 ⋯ slurry

STI ⋯ Shallow Trench Isolation
다마신 ⋯ damascene(상감 공정)

초미세 구조를 가지는 IC에서 아주 작은 파티클(이물 입자)이나 미량의 불순물은 생산수율이나 신뢰성에 큰 방해가 된다. IC의 제조 라인인 클린룸은 이름 그대로 매우 청정한 공간이지만 웨이퍼 보관·반송·핸들링 등으로 미량의 오염에 노출을 피할 수는 없다. 또한 그 이상으로 실제 각종 공정 장치에서 반응하면서 여러 가지 오염이 혼합적으로 생기게 된다. 이 때문에 공정–공정 사이에 '세정' 공정으로 웨이퍼를 깨끗한 상태로 유지시켜야 한다.

세정에도 여러 가지 방법이 있다. 크게 화학적으로 분해 제거하는 방법과 물리적인 힘으로 제거하는 방법으로 나눌 수 있다. 화학용액을 이용하는 화학적 방법에는 일반적으로 표 1에 나타내듯이 화학용액을 이용하는 방법(각각 명칭이 있다)과, 각 특징을 살려서 단독으로 또는 조합하여 사용된다. 그러나 금속 배선을 형성한 후의 공정에서는 산 계통의 세정액을 쓸 수 없으므로 일반적으로는 유기용제(알코올 종류나 아세톤 종류)가 이용된다. 게다가 습식 세정은 그림 1에 나타내듯이 배치식과 매입식으로 나눌 수 있다.

한편 물리적 세정으로는 고압 순수를 내뿜는 '제트 세정'과 브러시로 문지르는 '스크럽 세정'이 있다. 또한 새로운 세정법으로 불활성 가스의 빙결 상태의 입자를 뿌리는 '저온 에어로졸 세정', 그리고 기체와 액체의 중간 성질의 액체를 이용하는 '초임계 세정' 등도 검토되고 있다. 세정한 웨이퍼는 순수에서 린스되어 흡착되었던 화학용액 등을 제거시킨 다음, 원심력을 이용하는 스핀 건식 장치 등으로 건조시킨다. 이때 '워터 마크'라 불리

- 공정 중간에 웨이퍼를 청정하게 하는 세정 공정
- 세정은 화학 반응과 물리 반응을 이용

는, 국소적으로 잔류하는 얇은 물의 막에 주의해야 한다. 워터 마크를 제거하기 위해 그림 2에 나타낸 IPA(이소프로필알코올)를 이용하는 '마랑고니 건조'나 '로타고니 건조'가 사용된다.

표 1　주요 세정 화학용액의 종류와 특징

세정 이름	약액의 조성	특징
APM	$NH_4OH/H_2O_2/H_2O$(수산화암모늄/과산화수소/물)	파티클·유기물 제거
BHF	$HF/NH_4F/H_2O$(플루오린화수소산/불화암모늄/물)	자연산화막 제거
DHF	HF/H_2O(플루오린화수소산/물)	금속·자연산화막 제거
FPM	$HF/H_2O_2/H_2O$(플루오린화수소산/과산화수소/물)	금속·자연산화막 제거
SPM	H_2SO_4/H_2O_2(황산/과산화수소)	금속·유기물 제거

그림 1　습식 세정 장치

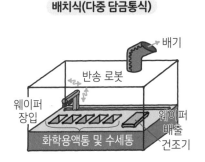

그림 2　건조법

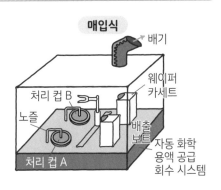

전 공정을 거쳐 완성된 웨이퍼는 **웨이퍼 검사**로 전기 특성이 체크되고 양품이나 불량이 판정된다. 이 검사는 그림 1에 나타내듯이 웨이퍼를 '웨이퍼 프로버'라 불리는 측정용 스테이지에 세트하여 IC 위에 형성된 전극 패드에 텅스텐(W)을 전해 연마하여 끝을 뾰족하게 한 프로브(바늘)를 각각 접촉시킨다. 이 때문에 IC별로 전극 패드의 배열에 맞게 프로브를 마련한 '프로브 카드'를 준비해 둔다. 프로브 카드에서는 전원선, 접지선, 입출력 신호선이 나오고 컴퓨터 내장 측정기(테스터)와 연결되어 있다.

프로브 카드의 프로브를 IC 전극 패드에 접촉시켜 테스트에서 입력한 신호에 대해 IC에서 판정된 신호를 테스터에 돌려준다. 그 신호가 프로그램되어 있는 기대 신호와 일치하면 양품으로 판정된다. IC에서 응답이 없거나 기대하는 신호와 다를 때는 불량품으로 판정하고 잉크로 마킹한다. 1개의 IC 검사·판정이 끝나면 프로브 카드가 웨이퍼에서 떨어지고 스테이지가 이동하여 다음 IC에 프로브를 맞춘다. 이렇게 웨이퍼에 모든 IC를 체크 검사한다. 예를 들면 1G DRAM에는 10억 개가 넘는 메모리셀 가운데 1개라도 불량이 있으면 IC가 불량이 되어 경제적 손해가 크므로 이에 대처하기 위해 고안된 것이 리던던시(redundancy) 기술로, 본래의 기억 용량 플러스알파로 예비 셀을 만들어 두고 원래의 메모리셀에 불량이 있는 경우 예비 셀로 교체하는 수법이다. 그림 2에 나타내듯이 중복 회로는 예비 메모리셀과 메모리셀을 교체할 회로로 구성되어 있다. 웨이퍼 검사에서 불량 내용이나 불량 메모리셀의 배열 및 위치 등의 관점에서 교체 가능한

요점 Check!
• 완성한 웨이퍼 상태에서 IC 전기 특성을 체크
• 리던던시로 불량 IC 칩을 검사하여 구제함

지 아닌지 판단해서 기억한다. 이 데이터를 바탕으로 '트리머'라 불리는 레이저 퓨즈 절단 장치를 이용하여 수정 내용에 따라 절단하고 다시 검사하여 OK가 나오면 양품으로 판정한다.

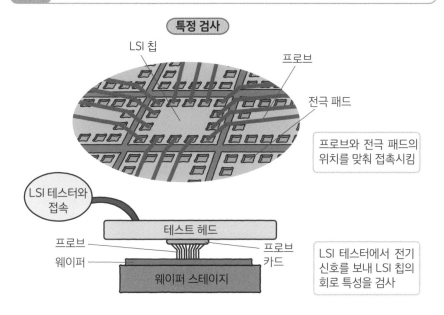

그림 1 웨이퍼 프로버(프로빙 장비)의 모형

특정 검사

LSI 칩
프로브
전극 패드

프로브와 전극 패드의 위치를 맞춰 접촉시킴

LSI 테스터와 접속

테스트 헤드

프로브
웨이퍼
프로브 카드
웨이퍼 스테이지

LSI 테스터에서 전기 신호를 보내 LSI 칩의 회로 특성을 검사

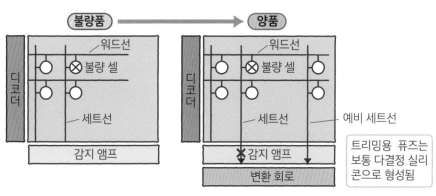

그림 2 퓨즈를 이용하는 중복 회로의 예

불량품 ➞ 양품

워드선
불량 셀

디코더

세트선

감지 앰프

워드선
불량 셀

디코더

세트선
예비 세트선

감지 앰프
변환 회로

트리밍용 퓨즈는 보통 다결정 실리콘으로 형성됨

용어 해설

프로브 ⋯ probe	**리던던시** ⋯ redundancy(중복도)
프로버 ⋯ prober	**트리밍** ⋯ trimming
테스터 ⋯ tester	

클린룸

IC를 제조하는 청정화된 공간을 '클린룸'(CR: Clean Room)이라 한다. 클린룸에서는 천장에 설치된 필터를 통과한 청정 공기를 살창 모양의 바닥을 향해 아래 방향 흐름 '다운 플로'로 계속적으로 내보낸다. 바닥을 통해 회수된 공기는 필터를 통과하여 다시 천장 쪽으로 순환된다. 이와 같은 순환 공기와 함께 부족 분을 바깥 공기에서 보충한다.

특히 미세 구조를 가지는 IC를 웨이퍼에 형성하는 전 공정에서는 높은 청정도가 요구된다. 그중에서도 미세 패턴 전사를 실시하는 리소그래피 구역에서는 청정도를 올리기 위해 다른 구역보다 다운 플로 속도를 올리기도 한다.

클린룸의 청정도 그레이드는 일정 부피 안에 포함된 먼지(파티클) 크기와 그 수로 나타내고 '**클래스**'라고 표기한다. 클래스 표시에 관한 규격에도 여러 가지가 있는데, 최근에는 'ISO 14664-1' 기준이 주로 이용되고 있다. 이 규격에서 클래스 1이란 $1m^3$ 공간에 존재하는 입자의 지름이 $0.1\mu m$ 이상인 파티클 수가 10개 이하라는 의미이다. 최첨단 IC를 제조하는 클린룸은 클래스 1 이상의 청정도를 유지해야 한다.

실제로 IC에서 치명적인 결함이 되는 파티클 사이즈는 설계에 이용하는 최소치수의 몇 분의 1에서 10분의 1 정도이며, 이보다 큰 파티클은 '킬러 파티클'(killer particle)이라 한다.

클린룸은 연속적인 운전으로 청정도를 유지하기 때문에 완전히 멈추는 일은 거의 없다. 장기 휴식 등으로 생산을 멈출 때에도 유지 운전을 계속한다.

또 클린룸에 작업자가 들어가려면 먼지 방출이나 대전성이 적은 소재로 만들어진 무진복을 입고 두건형 모자, 장갑, 마스크, 신발 커버를 하고 에어 샤워를 한 다음 입실하게 된다.

8장

IC 만들기②
-후 공정

실리콘 웨이퍼에 제작한 단위 IC 칩을 1개씩
잘라내서 패키지에 몰딩하여 각종 검사·선별을
거치는 후 공정에 대해 알아보자.
패키징에도 다양한 종류와 방법이 있다.

전기 특성 검사가 끝난 웨이퍼는 **뒷면 연삭**(BG) 공정을 통해 필요한 두께로 깎는다. 예를 들어 지름 300mm인 웨이퍼는 처음에 0.775mm 두께로 출발하지만, 그림 1에 나타내듯이 뒷면을 연삭하여 0.300mm 이하로 얇게 만든다.

이어서 웨이퍼는 **다이싱** 공정에서 칩을 잘라 분리한다. IC 칩은 다이(die)라고도 하는데, 다이싱이란 다이로 만든다는 뜻이다. 또한 칩은 펠렛(pellet)이라고도 하는데 **펠렛다이싱**, 또는 잘라서 분리한다는 뜻의 **슬라이싱**이라고도 부른다. 웨이퍼 위의 가로 세로로 배열된 칩과 칩 사이에 폭이 $100\mu m$ 정도 되는 스크라이빙 선이 세트되는데, 절단하기 쉽도록 하기 위해 실리콘 웨이퍼 표면을 노출시킨다.

그림 2에서와 같이 뒷면 연삭이 끝난 웨이퍼는 자외선을 조사하면 특성이 변하는 특수한 테이프(UV 테이프)를 붙여 전체를 원 모양 고리 프레임에 고정한다. 이어서 다이서(다이아몬드 톱)라 불리는 다이아몬드 미립자를 표면에 붙인 아주 얇은 원형 칼로 순수를 흘리면서 스크라이빙 라인을 따라 가로 세로 방향으로 절단한다. 이때 정밀도는 사람의 머리카락을 세로로 10등분한 정도의 크기이다. 다이싱에는 웨이퍼 표면까지 절단하는 '풀커팅'과 중간까지 절단하고 나중에 브레이킹하는 '하프커팅'이 있는데, 최근에는 풀커팅이 많이 이용된다. 또한 레이저로 절단하는 '레이저 스크라이버'도 일부 이용된다.

다이싱 후 특수한 치구로 UV 테이프를 당겨서 늘리면 각각의 칩은 테이프 변형에 따라 응력이 발생하지 않으므로 칩 사이에 틈이 생긴다. 여기

요점 Check! • 칩으로 절단하기 쉽도록 웨이퍼 뒷면을 연삭
• 웨이퍼를 다이서로 절단하여 칩을 하나씩 잘라냄

에 테이프 뒷면에서 자외선을 조사하면 광화학 반응으로 테이프의 점착력
이 저하되어 칩이 테이프에서 잘 떨어지게 된다.

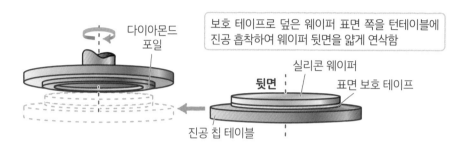

그림 1 뒷면 연삭 공정

다이아몬드
포일

보호 테이프로 덮은 웨이퍼 표면 쪽을 턴테이블에
진공 흡착하여 웨이퍼 뒷면을 얇게 연삭함

실리콘 웨이퍼

뒷면

표면 보호 테이프

진공 칩 테이블

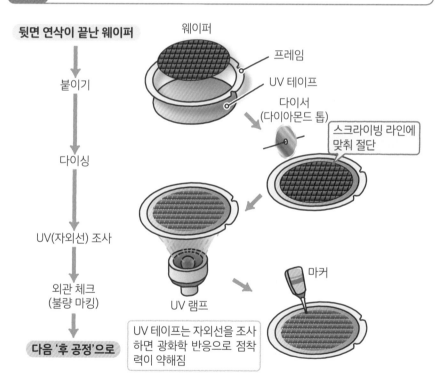

그림 2 다이싱 공정의 모형도

뒷면 연삭이 끝난 웨이퍼

웨이퍼

프레임

붙이기

UV 테이프

다이서
(다이아몬드 톱)

스크라이빙 라인에
맞춰 절단

다이싱

UV(자외선) 조사

외관 체크
(불량 마킹)

마커

UV 램프

다음 '후 공정'으로

UV 테이프는 자외선을 조사
하면 광화학 반응으로 점착
력이 약해짐

용어
해설   **BG** ···› Back Grinding | **UV** ···› Ultra-Violet

다이싱으로 웨이퍼에서 잘려 양품으로 판정된 칩은 하나씩 패키지화하는데, 그러려면 먼저 칩을 패키지의 기판이 되는 리드 프레임에 접착한다. 이 공정을 **마운트**(mount) 또는 **다이본딩**라 한다.

(076)에서 자세히 설명하겠지만, IC 패키지는 다양한 종류가 있다. 여기서는 수지를 이용하는 **몰드 패키지**라는 가장 많이 이용되는 패키지를 예로 마운트 공정을 살펴보자. 마운트에는 '마운터'라 불리는 자동 장치가 이용된다.

몰드 패키지에서는 리드 프레임이라 부르는 금속 틀을 마운터에 세팅하고, UV 테이프 위에 나열된 양품 칩을 콜렛이라 하는 진공 척(chuck)으로 픽업하여 리드 프레임의 플랫폼에 붙인다.

마운트는 보통 그림 1에 나타내듯이 수지 접착법이 사용되는데 은도금된 플랫폼에 은 페이스트를 포팅하고(스폿 상태), 여기에 칩을 가볍게 눌러 접착한다.

또한 그림 2에 나타내듯이 **공정 합금법**이라 불리는 마운트 방법도 있다. 이 방법은 고신뢰성이 요구되는 IC 등에 이용된다. 금과 실리콘의 공정 반응을 이용하여 칩을 붙이는 방법으로 금도금한 플랫폼의 온도를 올려 칩을 문지르는 **직접 고착법**과 금 테이프를 끼워서 칩을 은도금한 플랫폼에 붙이는 **금편 펀치법**이 있다.

마운트 공정에서는 플랫폼에 칩 위치를 정확히 정해서 물리적으로 단단

- 마운트에서 칩을 패키지 플랫폼에 접착
- 수지 접착법이나 공정 합금법(eutectic alloy) 칩 마운트

히 고정하는 것 외에도, 플랫폼과 칩 사이 옴성 전기 접합 특성을 얻는다 거나 나아가 접합부의 열저항을 내리는 기술 등이 필요하다.

그림 1 은 페이스트를 이용하는 수지 접착법 마운트

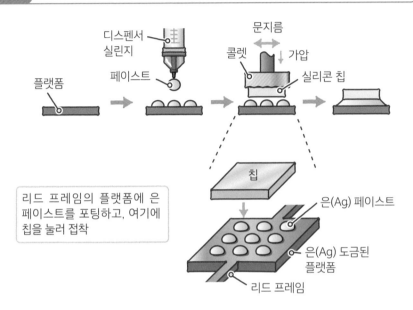

디스펜서
실린지

문지름

콜렛
페이스트
가압

플랫폼
실리콘 칩

칩

은(Ag) 페이스트

리드 프레임의 플랫폼에 은 페이스트를 포팅하고, 여기에 칩을 눌러 접착

은(Ag) 도금된 플랫폼

리드 프레임

그림 2 공정 합금법 마운트

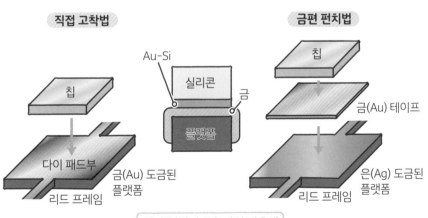

직접 고착법

금편 펀치법

Au-Si

칩

실리콘

칩

금

플랫폼

금(Au) 테이프

칩

다이 패드부

금(Au) 도금된 플랫폼

은(Ag) 도금된 플랫폼

리드 프레임

리드 프레임

실리콘(Si)과 금(Au)이 반응해 공정 과정으로 칩 접합(용접)

IC 칩과 외부를 전기 접속하기 위해 그림 1에 나타내듯이 칩 표면의 주변부에 배치된 약 $100\mu m$ 넓이의 본딩 패드(외부로 연결하는 전극)와 리드 프레임 측의 리드 전극(내부 전극) 패드를 1개 지름 $20{\sim}50\mu m$의 금선들로 접속한다. 이 공정을 **와이어 본딩**이라 하며, 또한 본딩하는 자동 장치는 **와이어 본더**라 한다.

본더에 사용하는 리드 프레임의 종류에 맞춰 리드 전극의 배치 정보 등이 입력되어 있다. 또한 리드 프레임에 마운트되어 있는 IC 칩의 위치나 기울기, 또는 본딩 패드와 리드 전극의 상대 위치 등을 CCD 카메라로 광학적으로 검출하고 화상 처리하여 본딩 조작을 미세 조정한다. 칩 1개의 모든 본딩이 끝나면 본더는 다음 칩이 있는 위치까지 리드 프레임을 이동하여 본딩 작업을 반복한다.

그림 2는 본더의 동작을 시간 순서에 따라 모형으로 나타냈다. 먼저 ❶ 캐필러리(미세 금속관)에서 나온 금 세선 끝부분을 고압 방전 토치로 가열하여 용융시켜 작은 금 볼을 만든다. ❷ 금 볼을 본딩 패드 위치로 이동시켜 가볍게 눌러 열 압착한다. 이때 리드 프레임의 온도도 미리 올려놓는다. 여기에는 **NTC 방법**이라 불리는 350℃ 정도에서 접합하는 방법과 초음파를 병용하여 $200{\sim}250℃$로 저온화한 **UNTC 방법**이 있다.

다음 ❸ 캐필러리의 궤도를 제어하고 와이어의 루프 형상을 제어하면서 금선을 리드 전극 위치로 이동시켜 열과 초음파를 병용하여 접속한다. ❹ 클램프로 금선을 누르면서 캐필러리를 들어올려 본딩 점에서 금선을 잡아

- 칩 전극과 패키지의 리드핀을 연결하는 본딩
- 금 세선을 이용하는 와이어 본딩

당겨 끊는다. 본더는 이러한 일련의 동작을 100분의 1초쯤 되는 속도로 처리한다. 최근에는 구리 세선을 쓰는 본딩도 늘어나고 있다.

그림 1　와이어 본딩의 모형도

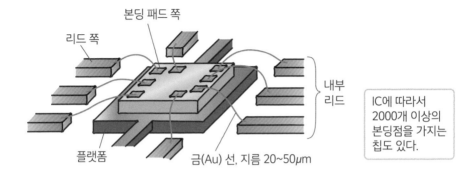

리드 쪽

본딩 패드 쪽

내부
리드

플랫폼

금(Au) 선, 지름 20~50μm

IC에 따라서
2000개 이상의
본딩점을 가지는
칩도 있다.

그림 2　본더 동작의 연속 작업 모형도

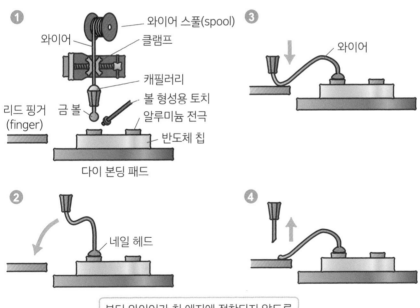

①
와이어 스풀(spool)
와이어
클램프
캐필러리
볼 형성용 토치
알루미늄 전극
반도체 칩
리드 핑거
(finger)
금 볼
다이 본딩 패드

②
네일 헤드

③
와이어

④

본딩 와이어가 칩 에지에 접착되지 않도록
해야 하며 루프의 형상 제어가 요구됨

**용어
해설**　NTC ⋯→ Nail-head Thermal Compression
　　　UNTC ⋯→ Ultra-sonic Nail-head Thermal Compression

본딩이 끝난 칩은 외부와 직접 접촉되는 것을 막기 위해 패키지나 몰딩재로 밀폐한다. 이는 '몰딩' 또는 '봉입'이라고 불린다.

IC의 몰딩에도 다양한 방법이 있는데, 그림 1에 대표적인 방법을 나타낸다. 몰딩은 크게 **기밀 몰딩법**과 **비기밀 몰딩법**으로 나뉜다.

기밀 몰딩법(허메틱 실)은 미량의 기체나 액체 등의 침입을 막는 완전 밀폐형으로 접합법과 용접법으로 다시 분류된다.

한편 비기밀 몰딩법(논허메틱 실)은 기밀 몰딩법에 비해 밀폐성은 떨어지지만, 특히 금형을 쓴 **트랜스퍼 몰딩**은 저렴하고 생산성이 뛰어나기 때문에 가장 일반적으로 이용된다.

몰딩법의 대표적인 예로서 트랜스퍼 몰딩의 연속 작업 모형도를 그림 2에 나타냈다.

먼저 본딩이 끝난 리드 프레임을 금형 성형기에 장착한 후 예비 가열한 수지 태블릿을 금형에 투입하고, 온도를 올려 유동화시킨 수지를 피스톤으로 가압하여 금형에 밀어넣어 몰드 성형한다. 수지가 열경화될 때까지 온도를 유지하여 경화가 끝나면 리드 프레임을 금형에서 꺼내 여분의 수지나 버를 제거하여 모양을 다듬는다.

트랜스퍼 몰딩에서는 칩을 감싸고 있는 것이 수지이므로 내습성이나 내열성 또는 방열성에 문제점들이 있다. 따라서 신뢰성을 확보하려면 칩의 설계나 패시베이션(보호) 등을 고려하여 몰드 수지 재료나 리드 프레임의

요점 Check!
- 칩을 외부로부터 보호하는 몰딩
- 몰딩에는 기밀 몰딩법과 비기밀 몰딩법이 있음

형상, 재질 등을 최적화해야 한다. 수지 몰딩에서 최대 문제는 수분의 침투로 발생하는 여러 가지 불량이다.

그림 1 IC의 몰딩법 예

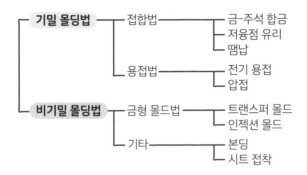

- 기밀 몰딩법 ─ 접합법 ─ 금-주석 합금
  - 저융점 유리
  - 땜납
  - 용접법 ─ 전기 용접
  - 압접
- 비기밀 몰딩법 ─ 금형 몰드법 ─ 트랜스퍼 몰드
  - 인젝션 몰드
  - 기타 ─ 본딩
  - 시트 접착

그림 2 금형을 이용하는 트랜스퍼 몰딩의 모형도

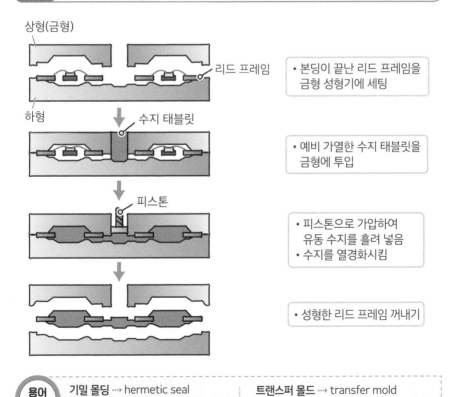

상형(금형)

리드 프레임

- 본딩이 끝난 리드 프레임을 금형 성형기에 세팅

하형   수지 태블릿

- 예비 가열한 수지 태블릿을 금형에 투입

피스톤

- 피스톤으로 가압하여 유동 수지를 흘려 넣음
- 수지를 열경화시킴

- 성형한 리드 프레임 꺼내기

용어 해설
기밀 몰딩 ⋯→ hermetic seal   트랜스퍼 몰드 ⋯→ transfer mold
비기밀 몰딩 ⋯→ non-hermetic seal

몰딩에서 리드 프레임과 금형의 틈에서 수지가 새어 발생하는 얇은 수지 버를 고압수 등을 뿜어 제거하는데 그림 1에 나타냈다.

IC의 외부 리드는 나머지 공정에서 다양한 형상으로 가공되어 휨에 대한 강도를 올리거나 프린트 기판에 실제 장착할 때 땜납 젖음 특성을 좋게 하기 위해, 또 녹 방지를 겸하여 외장 처리한다. 외장 처리는 일반적으로 주석(Sn)과 납(Pb)의 공정 땜납에서 외부 리드를 코팅한다. 여기에는 용융 땜납통에 리드 프레임을 침투하는 방법과 전해 납을 이용하는 방법이 있다.

전해 도금법의 모형도를 그림 2에 나타냈다. 주석과 납 이온을 포함하는 도금액 안에서 양극에는 땜납 판을, 음극에는 리드 프레임을 설치하고 양쪽 극 사이를 통전시킨다. 그러면 양극 쪽의 땜납이 전자를 남기고 이온이 되어 용액 중으로 녹아 들어간다. 주석과 납의 이온(Sn^{2+}, Pb^{2+})은 음극 쪽으로 이동하고 리드 프레임에 부착되어 표면으로 땜납이 석출된다.

땜납 도금이 끝나면 표기 공정에서 회사명과 제품명, 제조 로트 번호 등이 패키지 표면에 인쇄된다. 표기에는 제품의 식별과 이력추적의 목적이 있다. 이력추적은 소급성이라는 뜻으로 IC의 제조 이력을 거슬러 올라가는 것이다. 표기에도 몇 가지 방법이 있는데, 몰드 패키지에서는 레이저로 수지 표면부에 홈을 파 새긴다. 다른 패키지에서는 잉크 표기 등이 이용된다.

날인이 끝난 리드 프레임은 그림 3에 나타내듯이 타이 바 커트 공정에서 IC 하나하나로 절단 분리된다. 다음 리드 성형 공정에서 외부 리드를 소정

요점 Check!
- 몰딩이 끝난 패키지의 외형을 성형
- IC 식별과 이력추적을 위해 표기

의 형상으로 가공한다. 그림 3에 DIP(듀얼 인라인 패키지)라 불리는 리드 형
상을 나타냈다.

그림 1 수지의 버 제거

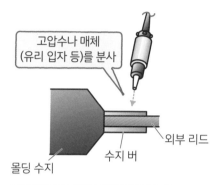

고압수나 매체
(유리 입자 등)를 분사

외부 리드

몰딩 수지　　수지 버

수지 버 부분에 고압수나 매체를 분출하여
그 충격의 힘으로 버를 외부 리드에서 박리

그림 2 전해 도금법의 모형도

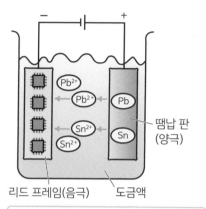

Pb^{2+}　Pb^{2+}　Pb

Sn^{2+}　Sn^{2+}　Sn

땜납 판
(양극)

리드 프레임(음극)　도금액

리드 프레임을 음극에 연결하고 도금액을
통전하여 땜납을 프레임에 도금

그림 3 타이 바 커트와 DIP의 리드 가공

몰딩 수지

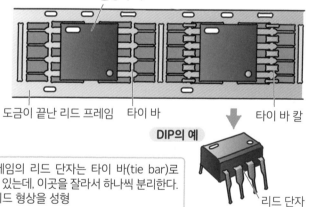

도금이 끝난 리드 프레임　타이 바　　　　타이 바 칼

DIP의 예

리드 프레임의 리드 단자는 타이 바(tie bar)로
고정되어 있는데, 이곳을 잘라서 하나씩 분리한다.
그리고 리드 형상을 성형

리드 단자

**용어
해설**

이력추적 ⋯ traceability
DIP ⋯ Dual In-line Package
땜납 젖음 특성 ⋯ 땜납을 할 때 땜납이 프
린트 기판의 랜드에 부드럽게 퍼지는 성질

타이 바 ⋯ 수지 몰딩 공정에서 리드 프레임
두께 방향의 금형 틈에서 새어나오는 수지
를 멈추게 하기 위해 설치, 타이 바로 이 자
리를 잘라 하나씩 분리

IC를 장착하는 패키지는 다양한 종류가 있다. 지금까지 설명했던 몰드 수지를 이용하는 패키지 외에도 세라믹 패키지 등 소재의 차이도 있지만, 여기서는 프린트 기판 등에 실장하는 방법의 차이로 분류하는 예를 그림 1에 나타낸다.

스루홀 실장형은 곧게 아래로 뻗은 IC 리드(발이라고도 함)를 프린트 기판 위의 구리 배선 랜드부에 뚫린 홀에 꽂고 땜납하는 타입이다. 이 타입의 패키지에는 리드가 패키지 주변부에서 나온 **페리페럴형**(peripheral)과 리드가 패키지의 아래 전체 면에서 나온 **에어리어 어레이형**(area array)이 있다.

페리페럴형 중에서 DIP는 양 사이드에서, SIP는 한쪽 사이드에서, ZIP는 한쪽 사이드에서 지그재그로 발이 나와 있다. 에어리어 어레이형인 PGA는 아래 전체에서 아래 방향으로 발이 나와 있다.

한편 **표면 실장형**에서 IC 리드는 직선 형태가 아니라 휘어져 있는데, 프린트 기판 위의 랜드부에 리드를 올리고(평면적으로 접촉시켜) 땜납하는 타입인데, 역시 페리페럴형과 에어리어 어레이형으로 나눌 수 있다.

페리페럴형 중에서 SOP는 발이 한쪽 사이드에서, SOJ는 양 사이드에서, QFP와 QFJ는 4사이드에서 나와 있다. 또 리드 형상으로서는 SOP와 QFP는 바깥쪽으로 Z자 형, SOJ와 QFJ에서는 안쪽으로 J자형으로 패키지를 휘감듯 휘어 있다.

에어리어 어레이형에는 리드 대신 땜납 볼 단자를 이용하는 BGA나 볼 모양 단자 대신 랜드 패턴을 이용한 LGA 등이 있다. 표면 실장형은 스루홀

요점 Check!
- IC 패키지 재료는 수지나 세라믹, 유리가 사용됨
- IC 패키지의 실장법은 스루홀 실장과 표면 실장으로 크게 나뉨

실장형에 비해 패키지 높이를 낮게 조절할 수 있기 때문에 휴대폰이나 디지털 카메라 등 얇은 기기를 실현하고자 할 때 반드시 필요한 실장법이다.

표 1 실장법에 따른 IC 패키지의 분류 예

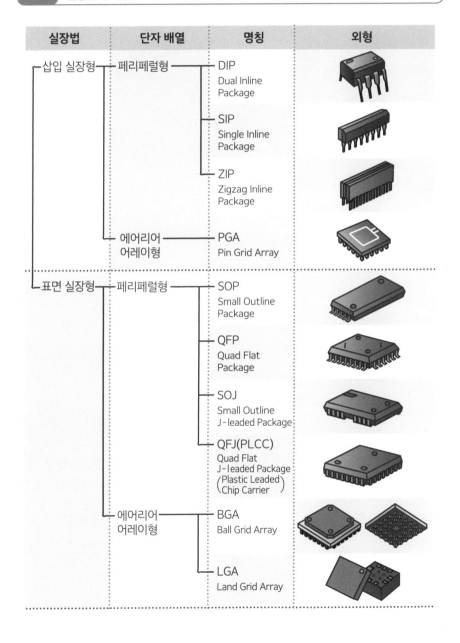

실장법	단자 배열	명칭	외형
삽입 실장형	페리페럴형	DIP Dual Inline Package	
		SIP Single Inline Package	
		ZIP Zigzag Inline Package	
	에어리어 어레이형	PGA Pin Grid Array	
표면 실장형	페리페럴형	SOP Small Outline Package	
		QFP Quad Flat Package	
		SOJ Small Outline J-leaded Package	
		QFJ(PLCC) Quad Flat J-leaded Package (Plastic Leaded Chip Carrier)	
	에어리어 어레이형	BGA Ball Grid Array	
		LGA Land Grid Array	

패키지로 조립된 IC는 입고되기까지 각각의 제품 규격과 대조하여 다양한 검사·선별을 거치게 된다. 여기서 선별이란 검사 결과를 바탕으로 제품의 양품과 불량을 나누는 작업을 뜻한다.

형상에 관한 외관 검사에서는 흠이나 오염, 리드 치수, 형상, 도금 상태, 이물의 부착 유무, 표기의 명료함 등을 체크한다.

전기 특성 검사에 대해서는 컴퓨터를 내장한 '테스터'라 불리는 자동 측정기를 이용하여 몇 단계의 측정을 실시하여 IC의 규격에 맞춰 합격 여부를 판정하여 최종 양품을 골라낸다. 또 DRAM이나 MPU 등의 검사 공정에서는 '스피드 선별'이라는 각각의 IC를 동작 속도에 맞춰 그레이드를 나눌 때도 있다.

검사·선별에서는 IC의 기능이나 특성에 관한 시험, 온도를 올려 전압을 가한 상태에서 특성의 변화를 측정하는 '번인 테스트'(BT) 등으로 판정한다. 이러한 검사들에서는 제품 규격에 대해 일정 마진을 제거한 조건에서 전원 전류나 입출력 전압·전류 등에 관한 직류 특성, 기능, 스위칭 스피드 등의 동작 특성을 측정·판정한다.

IC의 다이내믹한 동작 특성이나 성능 검사는 전원 전압 등의 상하 마진을 제거한 상태에서 측정된다. 물리적으로 가능한 IC의 모든 동작에 대해 대응하는 입출력 신호의 100% 조합을 망라하기는 기본적으로 어렵다. 왜냐하면 그 수는 천문학적인 숫자가 되기 때문이다. 따라서 현실적으로 가능한 시간 범위 내에서 얼마나 누설(버그)이 적은 테스트를 실시할 수 있느

요점 Check!
- IC의 형태와 특성을 체크하는 검사 공정
- 검사 결과를 바탕으로 IC의 양·불량을 나누는 선별 공정

냐가 열쇠로 작용한다. 이를 위해서는 테스트 패턴에도 다양한 연구가 필요하다. 그림 1에 검사·선별 공정의 개념도를, 그림 2에는 DRAM의 검사 공정 순서 예를 소개했다.

그림 1 검사·선별 공정의 개념도

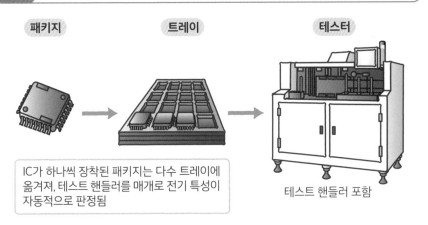

패키지   트레이   테스터

IC가 하나씩 장착된 패키지는 다수 트레이에 옮겨져, 테스트 핸들러를 매개로 전기 특성이 자동적으로 판정됨

테스트 핸들러 포함

그림 2 DRAM 검사 공정 순서 예

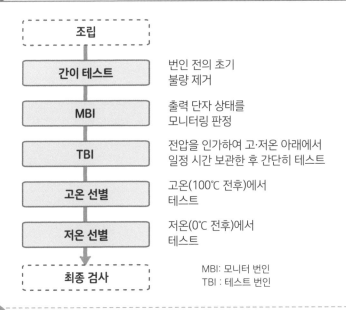

조립

간이 테스트 — 번인 전의 초기 불량 제거

MBI — 출력 단자 상태를 모니터링 판정

TBI — 전압을 인가하여 고·저온 아래에서 일정 시간 보관한 후 간단히 테스트

고온 선별 — 고온(100℃ 전후)에서 테스트

저온 선별 — 저온(0℃ 전후)에서 테스트

최종 검사

MBI: 모니터 번인
TBI : 테스트 번인

용어해설   BT ⋯ Burn-in Test

IC 신뢰성과 가속시험

IC를 시장에 제품으로 출하하려면 다양한 신뢰성 시험이나 스크리닝을 통과해야 한다. 한국공업규격(KS)에 의하면 신뢰성이란 '부품이나 시스템이 규정 사용 조건 아래에 있으며 의도하는 기간 중에 그 상태를 올바르게 수행하는 성질'이라 정의되어 있다.

IC의 신뢰성을 논하는 경우, 그 정량적인 척도로서 **고장률 λ**(단위는 FIT: 피트)가 이용된다. 고장률 λ란 '어느 시점까지 정상적으로 동작했던 IC가 연속적인 사용 단위 시간 내에 고장을 일으키는 비율'을 말하며 단위인 FIT란 시간당 10^{-9}회를 뜻한다. 다시 말해 IC 1개를 연속해서 계속적으로 사용할 때, 평균적으로 10억 시간에 1번의 비율로 고장이 일어난다는 뜻이다.

고장률에 대한 일반적인 목표치는 300FIT 정도인데, 자동차용 등 고신뢰성이 요구되는 IC는 더 엄격한 수준이 요구된다. 신뢰성 시험은 IC의 수명, 즉 고장이 발생하기까지 평균 시간을 추정·파악하는 시험을 말한다. 예컨대 100FIT를 보증하려면 IC 1,000개로 1만 시간(약 1.1년), IC 1만 개로 1,000시간(약 1.4개월)의 연속 시험이 필요하다.

그러나 이와 같은 시험을 실제로 실행하는 것은 수량 측면이나 시간 측면 또는 경비 측면에서 부하가 크다. 따라서 전압, 전류, 온도, 습도, 압력 등을 보통 동작 조건보다 엄격하게 설정한 조건(가속 시험)으로 수명을 예측한다.

그러기 위해서 신뢰성 이론이나 통계 이론에 따른 이론적 의미와 방대한 데이터에 따른 구체적인 증명이 필요하다는 사실은 더 이상 말할 필요가 없다.

또 IC 신뢰성 시험에는 온도를 인가하여 특성의 변화를 조사하는 번인 테스트(BT)처럼, 모든 개수에 대해 실시하는 전수 검사와 무작위 검사에 따른 모집단을 통계적으로 보장하는 2가지 방법이 있다.

 용어 해설   FIT ⋯▸ Failure In Time

9장

반도체의 최첨단 기술

반도체 기술 발전은 많은 기술 장벽을
표면으로 드러나게 하고 있다.
이러한 기술 장벽을 브레이크스루하기
위해 반도체의 최첨단 현장에서는 신재료,
신구조, 신공정에 관한 연구와 개발이 계속
적으로 이어지고 있다.

예를 들어 실리콘 웨이퍼의 구경(지름)을 1.5배로 만들 수 있으면, 그 위에 IC를 제작할 수 있는 유효 면적은 2.25배로 지름의 제곱에 비례하여 늘어난다. 그림 1에 나타내듯이 IC의 발전과 함께 실리콘 웨이퍼의 대구경화가 진행되어 왔다. 이러한 이유는 IC 칩의 원가(생산 경비) 절감과 IC 생산량의 증대를 위함이다.

실리콘 웨이퍼를 대구경화하기 위해서는 표 1에 나타내듯이 실리콘 웨이퍼를 만드는 쪽(실리콘 제조사)과 그것을 사용하는 쪽(반도체 제조사)이 모두 해결해야 할 문제가 매우 많이 생긴다. 실리콘 제조사는 새로운 투자를 하여 단결정 장치나 웨이퍼 제조 장치를 바꿔야 하고 여러 가지 많은 기술 과제를 해결해야 한다. 한편 반도체 제조사도 IC 제조 장치는 물론 제조 공정이나 생산 라인의 개발·혁신이 필요하며 방대한 기술적 작업과 경비가 든다.

이러한 사정 때문에 실리콘 웨이퍼의 대구경화는 수년마다 단계적으로 이루어진다. 따라서 각 연대마다 업계 전체에서 사용되는 표준적인 웨이퍼 크기가 생긴다.

또 IC는 거의 3년에 4배 정도의 집적도로 미세화하여 세대 교체를 반복하고 있으며 웨이퍼에 대한 요구도 계속적으로 높아져 왔다. 그럼에도 불구하고 반도체 업계는 수많은 기술 과제를 극복하여 대구경화에 따른 경비의 장점을 실현해 왔다. 평균을 따지면 1년에 약 9.7mm(0.38인치)가 늘어나는 속도로 대구경화가 진행되어 왔다.

• 웨이퍼의 대구경화는 반도체의 제조 경비 절감과 생산량 증대를 가져옴
• 다음으로 사용하게 될 실리콘 웨이퍼의 크기는 지름 450mm(18인치)

현재 300mm(12인치) 웨이퍼가 양산에 사용되고 있는데, 다음 크기는 450mm(18인치)로 예상된다. 도입 시기는 여러 가지 사정이 있어 명확하지는 않지만 빠르면 2012년쯤부터 시작될 것으로 생각된다. 그러나 이와 같은 대구경화는 18인치로 한계를 맞이할지도 모른다.

그림 1 실리콘 웨이퍼의 대구경화

실리콘 웨이퍼의 지름

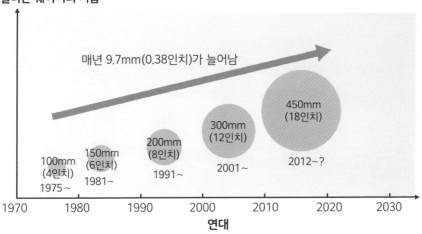

실리콘 웨이퍼는 세대별로 거의 50%씩 대구경화되어 왔다. 다음 웨이퍼의 지름은 450mm(18인치)로 2012년부터 시작될 것으로 예상된다.

표 1 실리콘 웨이퍼 대구경화에 따른 장점과 과제

	반도체 제조사	실리콘 제조사
장점	IC 제조 경비의 절감 IC 생산량의 증대	웨이퍼 단위 면적 경비의 절감 웨이퍼 총면적 생산량의 증대
과제	제조 라인 신설 신제조 장치 도입 기술 자원 투입 투자	신 단결정 도가니 도입 신 웨이퍼 가공 장치 도입 기술 자원 투입 투자

MOS 트랜지스터의 고성능화를 위해 이제까지는 주로 **스케일링 법칙**에 따라 소자 각부의 치수를 축소하는 미세화 기술을 사용해 왔다. 이와 같은 미세화와는 다른 방법으로 CMOS에서 실리콘 기판 표면의 채널부를 달리는 자유전자(n-채널형)와 양공(p-채널형)의 이동 속도를 올려 MOS 트랜지스터의 고속화를 이루는 방법이 있다.

표 1은 단결정 실리콘에 응력(인장 또는 압축)을 가할 때 자유전자와 양공의 이동도(움직이기 쉬운 정도)가 어떻게 변화하는지를 나타냈다. 자유전자의 이동도는 인장 응력을 걸면 이동하는 방향으로 응력을 걸어도 또 그 직각 방향으로 걸어도 모두 향상된다. 한편 양공의 이동도는 같은 인장 응력에서 이동 방향으론 저하하고 그 직각 방향으론 향상된다. 또한 압축 응력의 경우에는 상황이 역전된다.

이와 같이 실리콘 기판의 변형을 이용하여 응력에 따른 운반자 이동도를 향상시켜 MOS 트랜지스터의 동작 속도를 올리는 방법을 **변형 실리콘 기술**이라 한다. 변형 실리콘 기술에도 몇 가지 기술이 있는데, 그중 하나는 실리콘(Si)과 같은 결정 구조를 가지면서 원자 반지름이 조금 큰 저마늄(Ge)을 섞어(혼입시켜) 인장 응력을 가하는 방법이다. 그러나 이때 자유전자의 이동도는 향상하지만 양공의 이동도는 감소한다.

그림 1에 n-채널형과 p-채널형의 MOS 트랜지스터 성능을 향상시킨 예를 나타냈다. n-채널형에서는 트랜지스터의 위쪽에 형성한 고응력 박막에서 인장 응력을, p-채널형에서는 소스와 드레인 영역에 실리콘과 저마늄의

요점
Check!
• 실리콘 기판의 변형(스트레스)으로 MOS 트랜지스터 특성을 개선
• 전자와 양공은 변형의 방향에 대한 이동도의 의존성이 다름

화합물(SiGe)을 형성하여 채널부에 압축 응력을 가했다.

이 변형 실리콘 기술로 65nm 공정에서의 이동도는 n-채널에서 35%, p-채널에서 90% 향상되었다.

표 1 실리콘 기판 표면에서 변형에 대한 운반자 이동도의 변화

운반자	변형 방향과 종류			
	이동 방향		직각 방향	
	인장	압축	인장	압축
자유전자	↑	↓	↑	↓
양공	↓	↑	↑	↓

↑ : 이동도가 올라간다.   ↓ : 이동도가 내려간다.

n-채널형에서는 인장 응력을 가지는 실리콘 질화막(Si_3N_4) 등 고응력 박막이 이용된다. p-채널형에서는 소스와 드레인 영역에 저마늄(Ge)을 첨가하여 SiGe로 부피를 팽창시켜 채널에 압축 응력을 가한다.

그림 1 MOS 트랜지스터의 변형 실리콘 기술에 따른 성능 향상 예

n-채널형

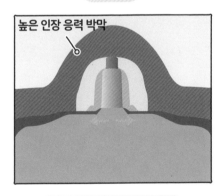

채널에는 인장 응력
자유전자의 이동도가 향상

p-채널형

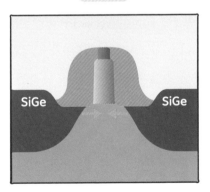

채널에는 압축 응력
양공의 이동도가 향상

MOS 트랜지스터에서 고성능화를 위한 미세화 기술로 소스와 드레인 간격을 좁혀 가면 게이트 전압을 가하지 않을 때(오프 상태) 소스와 드레인 간누설 전류가 늘어나는 등 트랜지스터 성능이 저하된다. 이 누설 전류를 막는 것 등을 목적으로 몇 가지 새로운 3차원 트랜지스터 구조가 검토되고 있다. 여기서는 더블 게이트 구조와 FIN형 FET이라 불리는 대표적인 2가지 기술을 소개한다.

더블 게이트 구조

그림 1에 더블 게이트 MOS 트랜지스터의 구조 모형을 나타낸다. 실리콘 SOI 기판에 형성된, MOS 트랜지스터의 소스와 드레인 간 전류가 흐르는 채널은 위아래로 설치된 2개의 게이트 전극 사이에 끼인다. 따라서 게이트 전압으로 채널 부분의 전위를 제어하기 쉬워지고 문턱전류 값도 낮게 억제할 수 있다.

FIN형 MOS FET

그림 2에 FIN형 MOS FET의 구조 모형을 나타냈다. 이 MOS 트랜지스터에서는 실리콘 SOI 기판에 형성된, 얇은 핀(FIN) 상태의 단결정 실리콘 층에 소스와 드레인 사이를 연결하고 핀을 게이트 절연막과 거꾸로 된 U자 모양의 게이트 전극으로 덮는다. 이 FIN형 MOS FET에서는 채널의 세 방향이 게이트로 둘러싸여 있기 때문에 트랜지스터의 실효적인 채널 폭이 넓어져 전류가 많이 흐를 수 있게 되어 트랜지스터 특성이 향상되고, 또한

• 새 구조에 의한 누설 전류 감소와 성능 향상이 요구됨
• 더블 게이트 구조나 FIN형 FET 등이 새 구조의 후보

문턱전류도 낮게 억제할 수 있다. FIN형 MOS FET은 게이트 단면 구조 때문에 **오메가 MOS 트랜지스터**라 불리기도 하는데, 오메가(Ω)는 그리스어에서 마지막 자모에 해당하므로 '최후의 MOS 트랜지스터'라는 의미일 것이다.

그림 1 더블 게이트 MOS 트랜지스터의 구조 모형

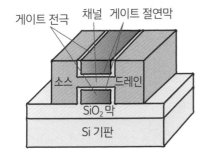

게이트 전극 채널 게이트 절연막

소스 드레인

SiO₂ 막

Si 기판

SOI 기판에 형성된 섬 모양의 실리콘 영역 채널부를 위아래에서 2개의 게이트 전극으로 끼워 소스와 드레인 간 누설 전류를 낮춤

그림 2 FIN형 MOS FET의 구조 모형

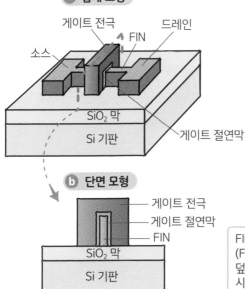

a 입체 모형

게이트 전극 FIN 드레인

소스

SiO₂ 막

Si 기판 게이트 절연막

b 단면 모형

게이트 전극
게이트 절연막
FIN
SiO₂ 막
Si 기판

FIN형 FET에서는 섬 모양 실리콘 영역(FIN부) 채널부의 3면을 게이트 전극으로 덮어 운반자를 완전 고갈시켜 전류를 증가시키고 누설 전류를 낮춤

용어 해설 FET ⋯→ Field Effect Transistor | SOI ⋯→ Silicon On Insulator

MOS LSI를 스케일 다운시키기 위한 핵심 기술이 **리소그래피 기술**이다. 종래에는 미세화를 위해 광원의 빛의 파장을 더욱 짧게 하여 분해능을 올려왔다. 왜냐하면 분해능 R은 다음 식에 나타나듯이 k_1을 경험 상수로 광원의 파장 λ에 비례하고 렌즈의 개구수(밝기) NA에 반비례하기 때문이다.

$$R = k_1 \cdot \lambda / NA$$

미세화 수준(일반적으로 노드라고 불린다)이 65nm일 때 ArF(불화아르곤) 엑시머 레이저($\lambda = 193$nm)가 광원에 이용되었다. 그러나 다음 45nm 노드 이후의 미세화에는 새로운 리소그래피 기술이 필요해진다. 여기에서는 ArF 액체담금 노광과 더블 패터닝에 대해서 설명한다.

ArF 액체담금 노광(H_2O 액체)

그림 1에 ArF 엑시머 레이저 광원과 물(H_2O)을 이용한 액체담금 노광의 모형을 나타냈다. 이 노광법에서는 스테퍼(스캐너)의 대물렌즈와 웨이퍼 사이에 물을 통과시켜 노광한다. 물의 굴절률은 $n = 1.33$이므로 광학 원리로 분해능이 $1/n(1/1.33 = 0.75)$이 되며, 그만큼 미세한 패턴의 분해능을 얻을 수 있다. 물 공급은 1칩의 노광이 끝나면 회수하고, 공급 → 노광 → 회수를 웨이퍼 전체 면에서 반복한다. ArF 액체담금 노광(193i라고 표시) 용어가 생기면서 종래의 노광을 'ArF 건식 노광'이라 부르기도 한다.

더블 패터닝

문자 그대로 이중 노광을 의미한다. 즉 1회에 193i 노광으로는 분해능을 얻기 어려운 미세(치수 및 간격) 패턴을 2회로 나누어 노광하는 방법이다.

그림 2에 더블 패터닝의 예를, 평면 패턴과 공정 단면 모형으로 나타낸다.

그림 1 ArF 액체담금 노광의 모형

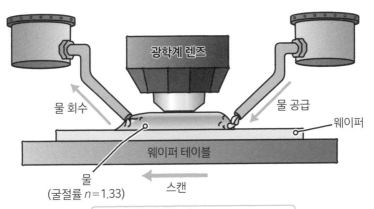

물 회수

물 공급

웨이퍼

광학계 렌즈

웨이퍼 테이블

물
(굴절률 n=1.33)

스캔

액체담금용 물은 1촬영마다 공급·회수한다.
물속에 기포가 생기지 않도록 해야 한다.

그림 2 더블 패터닝(이중 노광)의 예

ⓐ 평면 패턴

패턴

제1마스크

제2마스크

ⓑ 공정 단면 모형

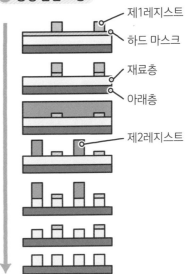

제1레지스트

하드 마스크

재료층

아래층

제2레지스트

1회의 노광으로 분해능을 얻기 어려운 미세
패턴을 2회의 노광으로 나누어 한다. 그러나
포토레지스트만 있는 이중 노광에서는 콘트
라스트 등에 문제가 있으므로 제1마스크
패턴에는 하드 마스크(포토레지스트 이외의
물질층)가 필요하다.

극 자외선(EUV)을 노광에 이용하는 **EUV 리소그래피 기술**에 대해 설명한다.

그림 1에 EUV 노광기의 구조 모형을 나타냈다. EUV 광은 지금까지 실제 양산에서 패턴 전사에 이용된 최첨단 광원으로서 ArF 엑시머 레이저($\lambda = 193nm$)와 비교해도 한 자릿수 이상 파장이 짧아서(13.5nm), 그만큼 미세 패턴의 전사가 가능해진다. 파장 13.5nm라고 하면 X선에 가깝고, 그런 의미에서 EUV는 광 노광의 최종 주자라고 할 수 있을 것이다.

이처럼 EUV 리소그래피는 고해상도라는 점 이외에도 깊은 초점 심도나 높은 생산성 등의 이점을 갖지만 동시에 광원, 마스크, 레지스트 등에 관해 많은 기술적 과제도 안고 있다.

광원으로는 레이저 광이나 방전 플라즈마를 제논(Xe)의 제트류에 조사할 때 발생하는 EUV 광을 이용하는데, 충분한 강도를 확보하는 것이 큰 과제이다. 또한 EUV 광으로 축소 투영하기 위해서는 흡수 문제로 굴절렌즈를 쓰지 못하므로 노광 광학계와 마스크에 모두 반사계(거울)가 필요하다. 여기에는 보통 몰리브데늄(Mo)과 실리콘(Si)을 약 반파장 주기로 하여 교대로 몇십 층을 적층한 **다층막 거울**이 이용된다. 이 다층막은 무결함이어야 하며 극단적 평탄성이 요구된다. 또한 EUV 광은 공기에서도 흡수되기 때문에 스테퍼의 광학계는 모두 진공 안에 설치되어야 한다.

또한 EUV 광원에서 충분한 노광량을 얻기 힘든 상황에서 스테퍼로 생

• X선에 가까운 EUV 광(극 자외선)으로 미세 패턴을 노광
• EUV 리소그래피는 광 노광의 앵커

산성을 올리기 위해서는 사용하는 레지스트 감광제의 감도 향상도 요구된다. EUV 노광은 경비 면에서도 큰 과제를 안고 있다.

그림 1 EUV 노광기의 구조 모형

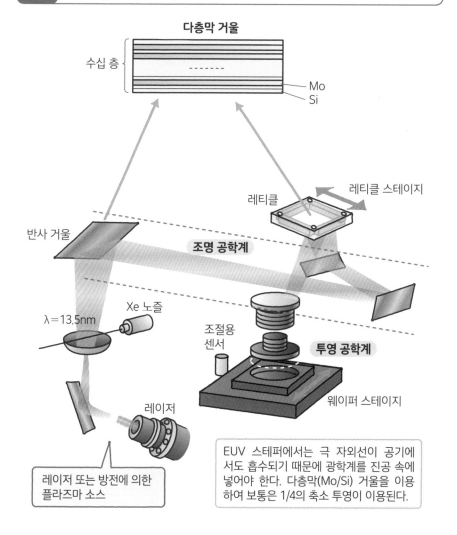

다층막 거울

수십 층

Mo
Si

레티클 스테이지

레티클

반사 거울

조명 공학계

$\lambda = 13.5nm$

Xe 노즐

조절용 센서

투영 공학계

레이저

웨이퍼 스테이지

레이저 또는 방전에 의한 플라즈마 소스

EUV 스테퍼에서는 극 자외선이 공기에서도 흡수되기 때문에 광학계를 진공 속에 넣어야 한다. 다층막(Mo/Si) 거울을 이용하여 보통은 1/4의 축소 투영이 이용된다.

용어해설　EUV ⋯ Extreme Ultra Violet

광 리소그래피 외에 전혀 다른 방법의 패턴 전사기술도 검토·개발되고 있다. 여기서는 대표적인 후보 기술로 마스크리스 리소그래피(ML2)와 나노 임프린트에 대해 설명한다.

마스크리스 리소그래피(ML2)란 마스크를 사용하지 않고 설계 데이터에서 직접 웨이퍼에 패턴을 형성하는 방법이다. 그중에서도 가장 대표적인 기술로 'EB(전자 빔) 기술'이 있다. EB의 가장 큰 문제는 생산성이 낮다는 점인데, 그림 1에 나타내듯이 부분 마스크(개구수라고도 불림)를 사용한 '부분 일괄 EB 노광 방식'이 ASIC의 배선 공정 등 일부에 채택되고 있다.

EB에서 생산성을 올리기 위한 다양한 검토가 이루어지고 있는데, 그중에 그림 2에 나타내듯이 'MEB'(멀티 칼럼 전자 빔)라 불리는 방법이 있다. 이는 1개의 시스템에 복수의 칼럼(관)을 설치하여 복수 매수의 웨이퍼를 동시에 처리함으로써 생산성을 향상시키고자 하는 것이다.

나노 임프린트 기술이란 나노미터(nm) 오더의 가공 형상을 가지는 금형으로 성형 재료를 눌러 찍어 패턴을 전사하는 미세 가공기술이다. 그림 3에 그 공정 모형을 나타냈다. 고정밀도 금형(스탬퍼라고도 불림)은 투명 수지와 반도체의 미세 가공기술을 이용하여 만든다. 가공해야 할 수지 위에 포토레지스트를 도포하고, 거기에 금형을 눌러 찍어 자외선을 조사한 다음 수지를 경화시켜 금형을 박리하여 레지스트에 패턴을 전사한다. 다시 건식식각으로 전사 패턴대로 아래 재료층에 패터닝한다. 나노 임프린트는 패

요점 Check!
• 마스크를 이용하지 않고 설계 데이터에서 패턴을 전사하는 ML2
• 투명 수지 금형을 이용하여 패턴을 전사하는 나노 임프린트

턴 에지의 선명함, 낮은 비용 등의 이점이 있는 한편, 결함이나 위치 맞추기, 생산성 등의 과제가 있지만 미래의 다크호스 기술이라고 할 수 있겠다.

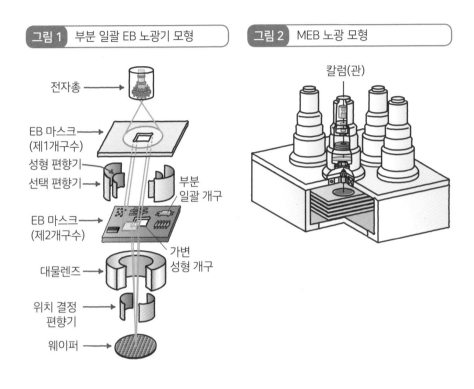

그림 1 부분 일괄 EB 노광기 모형

전자총

EB 마스크
(제1개구수)

성형 편향기

선택 편향기

부분
일괄 개구

EB 마스크
(제2개구수)

가변
성형 개구

대물렌즈

위치 결정
편향기

웨이퍼

그림 2 MEB 노광 모형

칼럼(관)

그림 3 나노 임프린트의 공정 모형

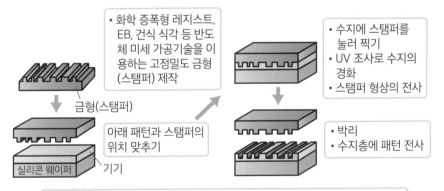

• 화학 증폭형 레지스트, EB, 건식 식각 등 반도체 미세 가공기술을 이용하는 고정밀도 금형(스탬퍼) 제작

금형(스탬퍼)

아래 패턴과 스탬퍼의 위치 맞추기

실리콘 웨이퍼   기기

• 수지에 스탬퍼를 눌러 찍기
• UV 조사로 수지의 경화
• 스탬퍼 형상의 전사

• 박리
• 수지층에 패턴 전사

나노 임프린트에서는 다른 리소그래피에 비해 패턴 에지가 선명하게 형성됨 이를 LER(Line Edge Roughness)이 적다고 함

메모리에 요구되는 이상적인 기능은 어떤 모습일까? 그에 대한 1가지 현실적인 대답은 플래시 메모리처럼 비휘발성에 DRAM처럼 쓰기와 읽기 속도가 빠르며 고집적화가 가능하고 경비도 저렴한 메모리라고 할 수 있을 것이다.

이와 같은 메모리를 지향하는 각종 후보 기술은 종래의 반도체에서는 사용되지 않았던 재료의 물성과 반도체의 첨단 기술을 조합하여 새로운 기능을 실현해야 하므로 종종 **기능 메모리**라고 불린다.

일부 기능 메모리는 한정적인 모양으로 제품화되어 있는 것도 있는데, DRAM이나 플래시 메모리처럼 폭넓은 분야에서 대량으로 사용되기까지는 많은 시간이 필요할 것으로 생각된다. 전반적으로 기술의 완성도가 아직 충분하지 않기 때문이지만 잠재력이 커 앞으로 매우 기대되고 있다.

기능 메모리의 대표적인 후보 기술로는 **강유전체 메모리(FRAM)**, **자기 메모리(MRAM)**, **상 변화 메모리(PRAM)**, **저항 변화 메모리(ReRAM)** 등 4종류가 있다.

표 1에서는 4가지 기능 메모리의 성능에 관한 특징을 비교한다. 또 이 표에는 참고를 위한 DRAM과 플래시 메모리의 특징도 같이 넣었다.

표 1에서 알 수 있듯이 기능 메모리는 모두 비휘발성 메모리로 데이터 유지시간은 모두 10년 이상이다. 읽기 동작은 파괴적 읽기, 즉 읽고 데이터가 없어지면 다시 써야 할 필요가 있는 타입과 비파괴 읽기, 읽어도 데

• DRAM과 플래시 메모리의 기능을 겸비한 기능 메모리
• 기능 메모리는 신규 재료의 새롭고 획기적인 물성을 이용

이터가 사라지지 않는 타입으로 나뉜다. 읽기와 쓰기 속도에는 메모리마다 차이가 있다. 다시 쓰기 횟수는 무한대(∞)와 100억~10조(10^{10}~10^{13}) 번인 것이 있다.

이들 각 기능 메모리의 자세한 내용은 (085)(086)에서 설명하도록 한다.

표 1 각종 기능 메모리의 특징 비교

	메모리	비휘발성	유지시간	읽기	셀 구조	읽기 속도	쓰기 속도	반복
기능 메모리	강유전체 메모리 (FRAM)	○	10년	파괴	1T1C	10~50ns	30~100ns	10^{12}
	자기 메모리 (MRAM)	○	10년	비파괴	1T1MTJ	10~50ns	< 10ns	10^{16}
	상 변화 메모리 (PRAM)	○	10년	비파괴	1T1GST	20~50ns	> 30ns	10^{12}
	저항 변화 메모리 (ReRAM)	○	10년	비파괴	1T1R	약 10ns	약 10ns	>10^{6}
참고	DRAM	×	×	파괴	1T1C	10ns	10ns	10^{16}
	플래시 메모리	○	10년	비파괴	1T	50ns	> 1ms	10^{5}

기능 메모리 가운데 FRAM만 파괴 읽기, 즉 데이터를 한 번 읽으면 기억이 없어지기 때문에 다시 읽기가 필요하므로 다른 기능 메모리와 다름

앞에서 대표적인 4가지 기능 메모리에 대해 특징을 비교하여 소개했다. 여기서는 FRAM과 MRAM에 대해 그 기초적인 구조나 동작에 대해 설명한다.

강유전체 메모리(FRAM)는 강유전체의 분극 특성을 이용하는 비휘발성 메모리다. FRAM은 강유전체 재료로서 타이타늄산 지르코늄 납(PZT)을 이용한다. 또 스트론튬 비스무스 탄탈레이트(SBT) 산화물을 이용하기도 하는데 이는 FeRAM이라 한다.

그림 1의 (a)는 강유전체의 커패시터 구조를, (b)는 자체 분극에 따른 히스테리시스 특성을 나타낸다. (b)에서는 강유전체 커패시터에 전기장(가로축 E)을 가하면 그림의 화살표 방향으로 나타낸 곡선을 따라 분극량(세로축 P)이 변화하고 전기장을 끊으면($E = 0$) 2개의 분극 상태 $+P_0$, $-P_0$가 남고, 이를 '1', '0' 상태로 기억시킬 수 있다. 강유전체 메모리의 메모리셀 구성법에도 몇 가지 종류가 있는데, 가장 일반적인 방법은 DRAM과 마찬가지로 '1T1C'(원티원시)라 불리며 그림 2에 구조 모형을 나타낸다.

자기 메모리(MRAM)는 자기 작용으로 데이터를 기억하는 메모리로 메모리 소자로서는 자기 터널 접합(MTJ)을 이용한다. 그림 3은 MRAM의 메모리셀 구조 모형을 나타낸다. 이는 1개의 MOS 트랜지스터와 1개의 MTJ 소자로 이루어지는 '1T1MTJ' 구조를 갖는다. MTJ에서 2개의 강자성체층 가운데 한쪽은 고정이고 다른 한쪽은 가변이므로 사이에 얇은 절연막이 있다. MTJ에 흐르는 전류 값에 따라 가변층의 자화를 고정위상과 동일

- 강유전체의 분극을 기억 작용으로 이용하는 FRAM
- 자기에 따른 저항 변화를 기억 작용으로 이용하는 MRAM

한 방향으로 하여 저저항 상태인 '0', 반대 방향으로 하면 고저항 상태인 '1'이 되며 이를 기억하게 된다. 구체적 쓰기로는 '전류 자기장 방식'과 '스핀 전류 방식'이 있다.

그림 1 강유전체 메모리

ⓐ 커패시터 구조

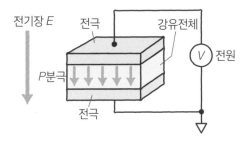

ⓑ 자체 분극에 따른 히스테리시스 특성

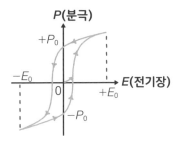

그림 2 강유전체 메모리의 1T1C형 메모리셀과 구조

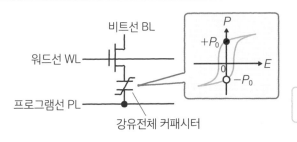

분극 ○이 '0'
분극 ●이 '1'

그림 3 자기 메모리의 메모리셀 구조와 구성

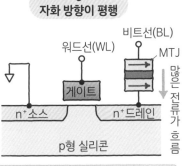

MTJ의 저항이 낮아 많은 전류가 흐름

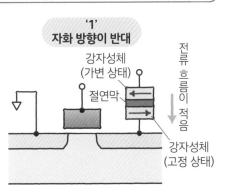

MTJ의 저항이 높아 전류 흐름이 적음

여기서는 기능 메모리 가운데 상 변화 메모리와 저항 변화 메모리에 대해 설명한다.

상 변화 메모리는 PRAM, PCRAM, OUM 등으로 불린다. 그림 1에 나타내듯이 상 변화 메모리는 MOS 트랜지스터와 상 변화 소자에 히터를 저항체와 조합한 메모리셀로 구성되는 비휘발성 메모리로 게이트 전극은 워드선(WL)에 접속되고 드레인과 비트선(BL) 사이에 상 변화 소자가 놓인다. 그림 2에 메모리셀의 구조 모형과 동작 원리를 소개한다.

상 변화 소자는 저항체에 흐리는 전류의 주울 열에 따른 순간적인 온도 변화를 이용하여 결정 상태와 비결정 상태와의 상 변화에 따른 저항 변화(결정에서는 저저항, 비결정에서는 고저항)를 기억에 이용한다. 상 변화 소자에는 GST(저마늄 안티몬 텔루륨)의 칼코게나이드 막이 이용된다. 칼코게나이드란 제VI족의 황(S), 셀레늄(Se), 텔루륨(Te) 원소의 화합물을 뜻한다. 상 변화 메모리의 메모리셀은 '1T1GST'(원티원지에스티)형이다.

저항 변화 메모리는 ReRAM 또는 RRAM이라 불린다. **그림 3**에 나타내듯이 저항 변화 메모리는 MOS 트랜지스터와 금속 산화물로 이루어진 저항 변화 소자를 조합한 '1T1R'(원티원알)형의 메모리셀로 구성되는 비휘발성 메모리다. 이 저항 변화 소자는 CER(전기장 유기 거대 저항) 효과라 불리는 현상을 이용하는데, 전압에 따른 저항 변화를 기억에 이용한다.

쓰기에는 전압 방향에 의존하는 바이폴라형과 전압 방향이 아닌 절댓값 저항에 의존하는 유니폴라형이 있는데, 전자는 페로브스카이트 재료를 이

요점 Check!
- 열에 따른 상 변화를 기억 작용에 이용하는 PRAM
- 전기장에 따른 저항 변화를 기억 작용에 이용하는 ReRAM

용하며 후자는 일반적으로 2원계 금속 산화물을 이용한다.

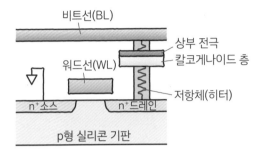

그림 1 상 변화 메모리의 메모리셀 구성 예

그림 2 상 변화 메모리의 동작 원리

세트 상태   리셋 상태

상부 전극
GST 다결정
저항체(히터)
하부 전극

비결정화된 GST

GST막이 다결정으로 저저항 '0'

GST막 일부가 비결정 상태 '1'

히터로서의 저항체에 흐리는 전류의 발열작용으로 칼코게나이드 층 (GST)의 상태를 다결정과 비결정으로 상 변화시켜 기억시킴

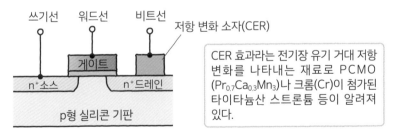

그림 3 저항 변화 메모리의 셀 구성

쓰기선   워드선   비트선   저항 변화 소자(CER)

CER 효과라는 전기장 유기 거대 저항 변화를 나타내는 재료로 PCMO ($Pr_{0.7}Ca_{0.3}Mn_3$)나 크롬(Cr)이 첨가된 타이타늄산 스트론튬 등이 알려져 있다.

용어 해설 **페로브스카이트 재료** ⋯ ABO₃(A, B는 각각 2가, 4가의 금속이고 O는 산소)로 나타내는 화합물. 타이타늄산 스트론튬 등 미세화 기술에 따른 CMOS-LSI의 고집적화·고성능화를 추진하면서 최근 여러 가지 기술 장벽(테크놀로지 배리어)이 표면으로 드러나게 되었다.

'재료를 다스리는 자가 기술을 다스린다'라는 말이 있는데, 종래 기술의 연장선 상의 한계를 새로운 획기적 물성을 가지는 신재료의 도입으로 브레이크스루하고자 시도되고 있다. 그림 1에 '게이트 절연막'과 '게이트 전극'에 대한 브레이크스루의 후보 재료를 적절한 도입 시기와 함께 나타낸다.

고유전율 절연막: 그림 2에 나타내듯이 MOS 트랜지스터에서 게이트 절연막(SiO_2)의 두께를 수 원자층 정도의 두께로 얇게 하면, 터널링 효과로 게이트 누설 전류가 증가하고 성능 노화나 소비전력에 따른 발열 문제가 심각해진다. 이러한 문제를 해결하기 위해서 $SiO_2(\varepsilon\sim4.2)$보다 유전율이 높은, 이른바 'High-k(하이케이)막'이라 불리는 절연막이 필요하다. 고유전율 막을 이용하면 등가적으로 두꺼운 막을 쓸 수 있으므로 누설 전류를 낮게 억제할 수 있다. 게이트 절연막은 SiO_2막에서 시작하여 질화 열 SiO_2막(p-채널 MOS 트랜지스터의 p형 다결정 실리콘 게이트에서 붕소(B)가 게이트 막으로 침입하는 것을 방지)을 비롯하여 여러 가지 고유전율 막이 검토되고 있는데, 하프늄 질화 산화막(HfSiON) 등이 유력하다.

메탈 게이트: 게이트 전극 재료로 다결정 실리콘을 니켈 실리사이드($NiSi_2$)로 보완한 폴리사이드(polycide)가 이용되고 있지만 미세화의 발전과 더불어 여러 가지 문제점들이 드러나고 있다. 예를 들어 게이트 전극 내 고갈층에 의한 게이트 절연막 박막화의 어려움, 고유전율 막과의 조합으로 발생하

요점 Check!
• 게이트 절연막의 터널링 효과를 막는 고유전율 막
• 고유전율 절연막 + 메탈 게이트의 게이트 스택 기술

는 문턱전압의 제어 문제 등이다. 이러한 문제점들을 해결하기 위해 게이트 전극 재료에 금속을 이용하는 메탈 게이트 기술이 필요하다. 여기에서 설명하는 '고유전율 게이트 절연막＋메탈 게이트'를 일반적으로 '게이트 스택'이라 한다.

그림 1 주요 후보 기술과 도입 시기

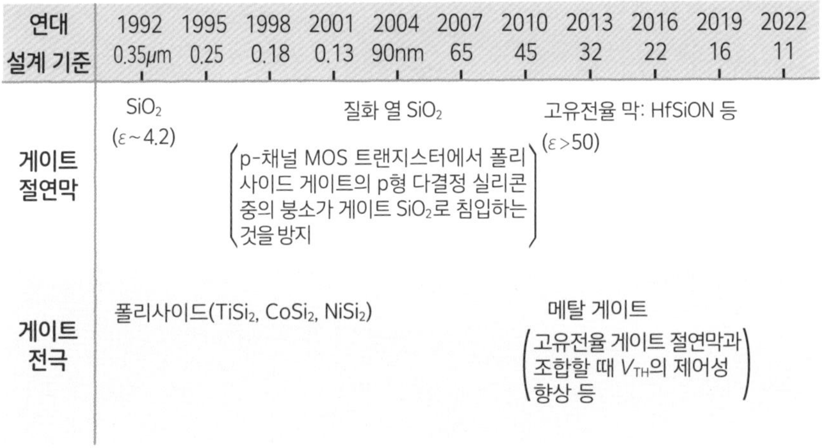

연대	1992	1995	1998	2001	2004	2007	2010	2013	2016	2019	2022
설계 기준	0.35μm	0.25	0.18	0.13	90nm	65	45	32	22	16	11

게이트 절연막

SiO_2 ($\varepsilon \sim 4.2$)

질화 열 SiO_2

고유전율 막: HfSiON 등 ($\varepsilon > 50$)

p-채널 MOS 트랜지스터에서 폴리사이드 게이트의 p형 다결정 실리콘 중의 붕소가 게이트 SiO_2로 침입하는 것을 방지

게이트 전극

폴리사이드($TiSi_2$, $CoSi_2$, $NiSi_2$)

메탈 게이트
(고유전율 게이트 절연막과 조합할 때 V_{TH}의 제어성 향상 등)

그림 2 MOS 트랜지스터의 게이트 절연층의 박막화 문제와 고유전율 박막

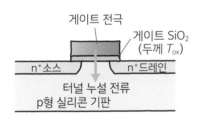

게이트 전극
게이트 SiO_2 (두께 T_{ox})
n+소스
n+드레인
터널 누설 전류
p형 실리콘 기판

게이트 SiO_2를 박막화하면 터널링 효과로 게이트 누설 전류가 발생

$C = \varepsilon_o S / T_{ox} = \varepsilon_{hk} S / T_{hk}$

따라서

$T_{hk} = T_{ox} \varepsilon_{hk} / \varepsilon_o$

그러므로 고유전율 막에서는 SiO_2막의 $\varepsilon_{hk}/\varepsilon_o$배 두께의 막을 사용해도 같은 특성을 얻을 수 있다.

여기서

C: MOS 트랜지스터의 게이트 용량
S: 채널 면적
T_{ox}: 게이트 SiO_2막 두께
ε_o: SiO_2 유전율
T_{hk}: 고유전율 절연막 두께
ε_{hk}: 고유전율 절연막의 유전율

용어 해설

테크놀로지 배리어 ⋯▸ Technology Barrier(기술 장벽)
브레이크스루 ⋯▸ Break Through(극복)
게이트 스택 ⋯▸ Gate Stack(게이트 적층)

088 신재료 도입으로 브레이크스루 ②
DRAM 고성능 용량막과 저유전율 층간 절연막

그림 1에 'DRAM 고성능 용량막'과 '저유전율 층간 절연막'의 신재료 도입 시기 예상을 표로 나타낸다.

DRAM 고성능 용량막: DRAM을 점점 미세화하면 기억 용량부(커패시터) 의 면적도 작아지고 필요한 용량 값을 확보하기가 어려워진다. 따라서 커 패시터를 3차원 구조화하여 표면적을 증가시키려는 다양한 시도가 이루 어지고 있다. 물론 절연막을 얇게 하면 단위 표면적당 용량 값을 올릴 수 있지만, 누설 전류가 증가하여 기억 유지 특성을 잃게 된다. 한편 고유전율 인 절연막을 이용하면 막 두께에 무리를 주지 않고 용량 값을 올릴 수 있 다. 이러한 절연막을 일반적으로 '고성능 용량막'이라 한다. SiO_2막(ε~4.2) 에서 시작한 DRAM 용량막은 실리콘 질화막 Si_3N_4(~7.5), 산화탄탈륨막 Ta_2O_5(~25) 등을 거쳐 산화하프늄-산화지르코늄막(ZrO_2-HfO_2, < 50), 계 속적으로 ε > 50 이상의 페로브스카이트 구조막 등이 검토되고 있다.

저유전율 층간 절연막: 배선으로 전달되는 전기신호의 지연은 배선 저항 R 과 배선 용량 C의 곱 $R \times C$로 정해지므로 보통 RC 지연이라고 부른다. 배선 재료로 저비저항 특성의 구리(Cu)가 이용되는데, 배선의 미세화와 함 께 배선 저항이 증가하게 된다. 층간 절연막은 SiO_2막(ε~4.2)에서 시작하여 불화산실리콘막 SiOF(~3.7)를 거쳐, 일반적으로 'Low-k(로우 케이)막'이라 불리는 저유전율 막이 검토되고 있다. 구체적으로 SiCOH막(~3), 다공성 SiCOH(~2.5), 다공성 MSQ(~2.1) 등이 있다. 다공성 층간 절연막의 구조 모

요점 Check!
- 고유전율 절연막을 이용하는 DRAM의 고성능 용량막
- 배선 신호 지연을 줄이는 저유전율 층간 절연막

형을 그림 2에 나타낸다. 또한 $\varepsilon \sim 1$의 궁극적 저유전율 재료로 공기를 이용하는 '에어갭' 법에 대해 그림 3에 구조 모형을 나타낸다.

그림 1	DRAM 용량막과 층간 절연막의 신재료 도입 시기

연대 설계 기준	1992 0.35μm	1995 0.25	1998 0.18	2001 0.13	2004 90nm	2007 65	2010 45	2013 32	2016 22	2019 16	2022 11

DRAM 용량막

Si₃N₄ ($\varepsilon \sim 7.5$)   Ta₂O₅ ($\varepsilon \sim 25$)

고유전율 막: ZrO₂-HfO₂ 등 ($\varepsilon < 50$)

Ultra-고유전율 막: 페로브스카이트 등 ($\varepsilon > 50$)

층간 절연막

SiO₂

SiOF ($\varepsilon \sim 3.7$)

저유전율 막: SiCOH (~3)

다공성 SiCOH (~2.5)

다공성 MSQ (~2.1)

Air gap (<2)

그림 2	다공성 층간 절연막의 구조 모형

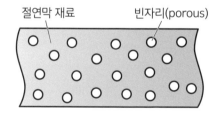

절연막 재료   빈자리(porous)

절연막 안에 고의로 빈자리를
만들어 막의 유전율을 낮춤
(스펀지나 수세미와 유사한 구조)

그림 3	에어갭 법의 구조 모형

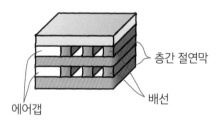

층간 절연막

에어갭   배선

**용어
해설**

다공성 ⋯▸ porous
MSQ ⋯▸ methylsilsesquioxane

에어갭 ⋯▸ air gap

'More Moore'와 'More than Moore'

미국의 반도체 제조사 인텔 창업자 중 한 사람인 무어 박사(Gordon E. Moore)는 1965년 경험법칙으로 '반도체의 집적도는 18~24개월마다 두 배로 증가한다'라는 법칙을 제창했다.

여기서 '집적도'를 '성능 향상'이라는 뜻으로 받아들이는 견해도 있는데, 그런 의미에서 이 법칙은 40년 이상 오랜 기간에 걸쳐 성립되어 왔다고 할 수 있다.

원래 무어의 법칙은 반도체의 미세 가공기술 발전에 기초하고 있다. 그러나 근래 들어 미세화가 원자 레벨에 달하게 되고 터널링 효과 등 양자역학적 현상이 나타나면서, 동시에 소비전력 등의 문제에서 성능 향상이 방해되는 등 한계점이 보이기 시작한다.

이와 같은 배경에서 CMOS 기술을 이용하는 전기장이 일정하다는 조건에서 전통적 소규모화(스케일링)와 더불어 3차원화를 포함하는 새 소자 구조 채용, 새 재료 도입, 새 공정기술 도입 등으로 등가적 스케일링을 하고자 하는 이와 같은 개념은 'More Moore'라 불린다. 따라서 이는 어디까지나 'within CMOS'라고 할 수 있다.

한편 종래의 CMOS 디지털 회로에 전력 소자, RF 통신용 소자, MEMS, 센서, 액추에이터 등 새로운 소자를 추가하여 패키지 단계(SIP)나 칩 단계(SOC)에서 장착하여 부가 가치가 높은 새로운 기능을 실현하고자 하는 접근이나 개념이 나오기 시작하였다. 이것이 'More than Moore'라 불리며 'beyond CMOS'라고도 한다.

용어 해설

RF ⋯ Radio Frequency (무선 주파수)
MEMS ⋯ Micro Electro Mechanical System (초소형 전자 기계 시스템)
SIP ⋯ System In Package
SOC ⋯ System On Chip

《그로브의 반도체 소자 기초》	Andrew S. Grove 저, 오므사, 1995년
《반도체의 모든 것》	기쿠치 마사노리 저, 일본실업출판사, 1998년
《그림으로 이해하는 전자회로》	기쿠치 마사노리 저, 일본실업출판사, 1999년
《쉽게 이해하는 반도체》	기쿠치 마사노리 저, 일본실업출판사, 2000년
《반도체·IC의 모든 것》	기쿠치 마사노리·다카야마 요이치로·스즈키 슌이치 저, 전파신문사, 2000년
《반도체 용어를 알 수 있는 사전》	기쿠치 마사노리·다카야마 요이치로 저, 일본실업출판사, 2001년
《키텔 고체 물리학 입문 제8판(상)(하)》	Charles Kittel 저, 마루젠, 2005년
《그림으로 이해하는 전자 소자》	기쿠치 마사노리·가게야마 다카오 저, 일본실업출판사, 2005년
《그림으로 이해하는 반도체와 시스템 IC》	기쿠치 마사노리 감수, 일본실업출판사, 2006년
《최신 반도체의 모든 것》	기쿠치 마사노리 저, 일본실업출판사, 2006년
《그림으로 이해하는 반도체 제조 장치》	기쿠치 마사노리 감수, 일본실업출판사, 2007년

찾아보기

ㅊ

ㅈ

ㅋ

처음 배우는 **반도체**
기초부터 제대로 이해하기

초판 1쇄 발행 | 2022년 12월 15일
초판 3쇄 발행 | 2024년 9월 5일

지은이 | 기쿠치 마사노리
옮긴이 | 유순재
펴낸이 | 조승식
펴낸곳 | 도서출판 북스힐
등록 | 1998년 7월 28일 제22-457호
주소 | 서울시 강북구 한천로 153길 17
전화 | 02-994-0071
팩스 | 02-994-0073
홈페이지 | www.bookshill.com
블로그 | blog.naver.com/booksgogo

값 16,000원
ISBN 979-11-5971-460-3